无穷维系统的可控性与稳定性研究

郜治新 著

科学出版社
北京

内 容 简 介

无穷维系统有时也称分布参数系统，是指由抽象空间上一般微分方程、偏微分方程或泛函微分方程描述的系统。本书采用不同方法分别研究无穷维 Banach 空间上抽象时滞系统的可控性问题、由偏微分方程描述的无穷维系统以及中立型泛函定常时滞系统的稳定性问题，其中包括不动点定理方法、无穷维模糊 T-S 模型方法以及特征方程频域法等。本书是作者多年研究工作的积累，强调基础性、深入性、严谨性和前沿性，对主要研究成果尽可能从基本概念和基本定理出发作详尽论述。

本书可供从事无穷维系统控制理论研究的高等院校自动控制、应用数学等相关专业的教师、高年级学生及研究生参考和借鉴。

图书在版编目（CIP）数据

无穷维系统的可控性与稳定性研究/郜冶新著. —北京：科学出版社，2016.1
ISBN 978-7-03-046252-7

Ⅰ. ①无… Ⅱ. ①郜… Ⅲ. ①自动控制理论-研究 Ⅳ. ①TP13

中国版本图书馆 CIP 数据核字（2015）第 264452 号

责任编辑：姜 红 张 震 / 责任校对：胡小洁
责任印制：徐晓晨 / 封面设计：无极书装

科学出版社 出版
北京东黄城根北街 16 号
邮政编码：100717
http://www.sciencep.com

北京凌奇印刷有限责任公司 印刷
科学出版社发行 各地新华书店经销
*
2016 年 1 月第 一 版 开本：B5（720×1000）
2016 年 1 月第一次印刷 印张：7 7/8
字数：113 000

POD定价： 65.00元
（如有印装质量问题，我社负责调换）

前　言

无穷维系统有时也称分布参数系统，是指由抽象空间上一般微分方程、偏微分方程或泛函微分方程描述的系统。实际中出现的多数系统，如柔性机械结构的振动过程、化工过程中活塞流反应器化学反应动态过程以及物理学中描述量子运动状态的薛定谔量子力学方程等都属于无穷维系统。

本书采用不同方法分别研究无穷维 Banach 空间上抽象时滞系统的可控性问题、由偏微分方程描述的无穷维系统以及中立型泛函定常时滞系统的稳定性问题，其中包括不动点定理方法、无穷维模糊 T-S 模型方法以及特征方程频域法等。

全书共分 7 章。第 1 章是绪论；第 2 章和第 3 章针对无穷维抽象时滞系统的可控性研究目前仅局限于整数阶的无穷维系统问题，研究了 Banach 空间上分式阶抽象脉冲中立型无穷时滞泛函和发展两类积-微分系统的可控性，利用分式阶微积分学、算子半群、豫解算子和 Krasnoselskii 不动点定理，建立了上述两类系统的可控性判据。由于算子具有多值映射性质，还研究了作为抽象时滞系统更一般扩展化模型的分式阶抽象脉冲中立型无穷时滞泛函积-微分包含的可控性问题，利用 Leray-Schauder 多值不动点定理，建立了该积-微分包含的可控性判据。除无穷时滞以外，还采用了加权相空间和 Dhage 多值不动点定理研究了分式阶抽象脉冲中立型状态依赖时滞发展积-微分包含的可控性问题，得到了一些有意义结果，丰富了 Banach 空间上抽象系统的可控性理论。

针对由线性偏微分方程描述的线性无穷维系统的稳定性分析问题，Fridman 等提出了统一框架：首先将线性无穷维系统转化为 Hilbert 空间上的线性系统，利用线性算子不等式，给出相应系统的稳定性条件，其中决策变量为 Hilbert 空间上的算子；然后，将线性算子不等式应用于热传导方程和波动方程，转化为可数值求解的有穷维线性矩阵不等式。因此，如何将线性算子不等式技术应用于非线性和随机偏微分方程这两类无穷维系统的稳定性研究中将成为本书第 4 章和第 5 章主要研究的问题。

第 6 章针对作为线性中立型定常时滞系统一般化扩展模型的线性不确定中立型泛函定常时滞系统鲁棒稳定性问题，首先从确定有界长方形不稳定区域的角度，利用由系统矩阵函数的有界变差定义的系统矩阵函数范数，建立了范数有界不确定泛函系统的鲁棒稳定性判据，并以不平凡方式推广了文献中有关线性确定性中立型多时滞系统的稳定性结果；其次提出了变差有界不确定性这一新概念，该新概念是中立型泛函时滞系统所独有的，因为在具体中立型时滞系统中，仅能讨论范数有界或多面体不确定性。在此概念基础上，利用了由系统矩阵函数有界变差所形成的非负矩阵的谱半径，推导得到了变差有界不确定泛函系统的鲁棒稳定性判据，并作为特例给出了与文献中有关线性确定性中立型单时滞系统稳定性结果相平行的判据，计算表明所给出的稳定性判据提供了能保证线性中立型泛函系统渐近稳定性的更大的时滞上界和系统参数鲁棒区间，是不保守的，因而改进了以往文献中所给出的结果。

第 7 章研究了非线性状态中立型泛函定常时滞系统的稳定性问题。利用由系统矩阵函数有界变差所形成的非负矩阵的谱半径、一阶近似稳定性理论以及特征方程频域法，建立了非线性状态中立型泛函系统的稳定性判据，并以不平凡方式推广了有关非线性状态中立型定常时滞系统的稳定性结果，数值例子表明了所给出的稳定性判据的有效性。

本书的多数内容是我在攻读博士学位期间完成的，部分研究工作曾得到国家自然科学基金面上项目“不确定无穷维系统鲁棒控制研究与应用”（项目编号：60574018）的资助。因此，首先衷心感谢大连海事大学博士生导师王兴成教授的栽培和辛勤培养，同时也感谢众多关心和帮助过我的人。

本书仓促之间不免有不妥之处，恳请专家、学者和同仁多加批评指正。

著　者

2015 年 7 月

目　录

前言

第 1 章　绪论 …… 1

1.1　无穷维系统的可控性研究 …… 1
1.2　无穷维系统的稳定性研究 …… 3
1.3　本书论述的主要内容 …… 4
参考文献 …… 7

第 2 章　无穷维 Banach 空间上积-微分系统的可控性研究：不动点定理方法 …… 10

2.1　引言 …… 10
2.2　无穷维 Banach 空间上分式阶中立型无穷时滞泛函积-微分系统的可控性 …… 10
2.2.1　系统描述和预备知识 …… 10
2.2.2　Krasnoselskii 不动点定理的应用 I …… 13
2.3　无穷维 Banach 空间上分式阶中立型无穷时滞发展积-微分系统的可控性 …… 21
2.3.1　系统描述和预备知识 …… 21
2.3.2　Krasnoselskii 不动点定理的应用 II …… 23
参考文献 …… 31

第 3 章　无穷维 Banach 空间上积-微分多值方程（包含）的可控性研究：多值不动点定理方法 …… 34

3.1　引言 …… 34

3.2 无穷维 Banach 空间上分式阶中立型无穷时滞泛函积-微分包含的可控性 35
3.2.1 系统描述和预备知识 35
3.2.2 Leray-Schauder 多值不动点定理的应用 37
3.3 无穷维 Banach 空间上分式阶中立型状态依赖时滞发展积-微分包含的可控性 44
3.3.1 系统描述和预备知识 44
3.3.2 Dhage 多值不动点定理的应用 47
参考文献 55
第 4 章 非线性无穷维系统的稳定性与耗散性研究：无穷维模糊 T-S 模型方法 58
4.1 引言 58
4.2 非线性双曲型无穷维复值参数系统的指数稳定性 58
4.2.1 系统描述和预备知识 58
4.2.2 无穷维 Hilbert 空间上指数稳定性 62
4.3 非线性抛物型无穷维复值参数系统的耗散性 68
4.3.1 系统描述和预备知识 68
4.3.2 无穷维 Hilbert 空间上耗散性 72
参考文献 74
第 5 章 随机无穷维系统的稳定性研究 76
5.1 引言 76
5.2 Lur’e 随机无穷维控制系统的绝对均方输入-状态稳定性 76
5.2.1 系统描述和预备知识 76
5.2.2 无穷维 Hilbert 空间上随机绝对均方输入-状态稳定性 78
5.2.3 三维随机波动方程的应用 82
5.3 Lur’e 随机无穷维控制系统的绝对均方指数稳定性 86
5.3.1 系统描述和预备知识 86
5.3.2 无穷维 Hilbert 空间上随机绝对均方指数稳定性 86

5.3.3　随机波动方程的应用……89
参考文献……92

第 6 章　线性不确定性中立型泛函定常时滞系统的鲁棒稳定性研究……94

6.1　引言……94
6.2　系统描述和预备知识……95
6.3　线性泛函定常时滞系统的稳定性……97
6.4　算例……106
参考文献……108

第 7 章　非线性状态中立型泛函定常时滞系统的稳定性研究……111

7.1　引言……111
7.2　系统描述和预备知识……112
7.3　非线性泛函定常时滞系统的稳定性……114
7.4　算例……116
参考文献……117

第 1 章　绪　　论

针对由抽象空间上一般微分方程、偏微分方程或泛函微分方程描述的无穷维系统，曾经有人试图得到能为一大类无穷维系统应用的普遍的算子形式，而另外有些人则从特殊的无穷维系统开始研究，如时滞微分方程或弦波动方程。经过一段时间的研究，发现不可能找到一种求解所有无穷维问题的普遍形式，只能是具体问题具体分析[1]。

因此，本书采用不同方法分别研究无穷维 Banach 空间上抽象时滞系统的可控性问题、由偏微分方程描述的无穷维系统以及中立型泛函定常时滞系统的稳定性问题，其中包括不动点定理方法、无穷维模糊 T-S 模型方法以及特征方程频域法等。

1.1　无穷维系统的可控性研究

无穷维系统一个最重要的定性行为就是可控性，即利用可允许的控制使系统在某有限时间内从任意初始状态到任意终止状态的可能性[2]。描述为无穷维空间中抽象微分系统的可控性问题来自于物理学和技术科学的许多分支，如材料中依赖过去状态的热流、黏弹性和其他物理现象[3]。

一方面，无穷维空间中抽象微分系统的可控性问题已经得到许多学者的研究。Balachandran 在文献[4]中研究了 Banach 空间上二阶非线性积-微分系统的可控性，利用有界线性算子所形成的强连续余弦族理论和 Schaefer 不动点定理，建立了该系统可控性的一些充分判据。在文献[5]中，Balachandran 等研究了 Banach 空间上带无穷时滞的中立型泛函发展积-微分系统的可控性问题，利用解析半群理论和 Nussbaum 不动点定理，建立了该系统可控性的一些充分条件，该结果推广了文献[6]～[8]中的判据结果。Sakthivel[9]研究了 Banach 空间上非线性中立型发展积-微分系统的可控性问题，通过豫解算子和 Schaefer 不动点定理，得到了有关该系统可控性的结果，并应用于偏积-微分方程。在文献[10]中，Sakthivel 研究了 Banach 空间上非线性发展积-微分系统的可控性问题，并采用与文献[9]相似的方法，建立了该可控性的充分判据。在文献[11]中，Sakthivel 研究了 Banach 空间上非自治半线性发展积-微分系统的存在性与可控性问题，在并未像以往文献那样对豫解算子施加严格的紧性条件的情况下，利用不动点分析方法，建立了该存在性和可控性结果的充分条件。

另一方面，在工程实践中，许多发展过程在某些瞬间时刻经历着发展状态的突变，因而研究带脉冲效应的动态系统具有更重要的意义[12]。文献[13]指出，这些过程常常受到短期摄动的影响，而这些摄动的持续时间相对过程的持续时间是可以忽略的，因此很自然地假设这些摄动是瞬时动作的，即以脉冲形式动作的。在文献[12]中，Li 等研究了 Banach 空间上一阶脉冲泛函微分系统的可控性，利用 Schaefer 不动点定理，给出了该可控性的充分条件。Park 在文献[13]中，指出文献[12]中的结果仅与有穷时滞有关并且脉冲函数被假设为有界，因而在文献[13]中利用半群理论与 Schauder 不动点定理，研究了 Banach 空间上带无穷时滞的脉冲中立型积-微分系统的可控性，对该系统并没有施加脉冲函数有界性条件。文献[14]在研究 Banach 空间上带无穷时滞的脉冲泛函微分系统可控性时，也同文献[13]一样，未对脉冲函数施加有界性条件。

由于算子具有多值映射性质，作为无穷维空间中抽象微分系统更一般扩展化模型的抽象微分包含的可控性问题也得到了广泛的研究。在文献[15]中，Liu 考虑了以往相关文献未曾讨论过的带无穷时滞和脉冲效应的泛函微分包含，研究了带无穷时滞的一阶脉冲中立型泛函微分包含的可控性，利用 Martelli 多值不动点定理，建立了该可控性的充分条件。在文献[16]中，针对文献[15]中研究的相同系统，利用算子的分式幂和 Dhage 多值不动点定理，给出了该系统的可控性判据。Chang 等[17]利用 Dhage 多值不动点定理和发展系统，研究了 Banach 空间上发展微分包含的可控性。

除以上研究的无穷时滞抽象微分系统以外，状态依赖时滞的抽象微分系统也得到了许多学者的关注。Hernandez 等研究了带状态依赖时滞的脉冲抽象偏微分方程[18]、偏中立型泛函微分方程[19]、脉冲发展微分方程[20]和偏中立型泛函微分方程[21]的存在性问题。在文献[22]中，Li 等研究了带状态依赖时滞的脉冲中立型发展微分包含的可解性。但是，带状态依赖时滞的抽象微分系统可控性还尚未研究。

另外，最近 Balachandran 等[2]研究了 Banach 空间上分式阶积-微分系统的可控性。到目前为止，除文献[2]以外，大部分研究的都是整数阶抽象微分系统的可控性，分式阶脉冲中立型无穷时滞和状态依赖时滞抽象积-微分系统和包含的可控性还有待系统地研究。

1.2　无穷维系统的稳定性研究

除可控性以外，无穷维系统另一个最重要的定性行为就是稳定性。针对由线性偏微分方程描述的线性无穷维系统的稳定性分析，Fridman 等提出了统一框架[23]：首先将线性无穷维系统转化为 Hilbert 空间上的线性系统，利用线性算子不等式，给出相应系统的稳定性条件，其中决策变量为 Hilbert 空间上的算子；然后，将线性算子不等式应用于热传导方程和波动方程，转化为可数值求解的有穷维线性矩阵不等式。因此，如何将线性算子不等式技术应用于非线性和随机偏微分方程这两类无穷维系统的稳定性研究中将成为本书主要研究的问题之一。

目前，关于作为一类无穷维系统的中立型泛函微分系统的稳定性问题的研究成果仍是有限的[24-26]。在文献[24]中，以不平凡的方式将最近得到的关于线性中立型微分系统稳定性问题的研究结果推广到线性中立型泛函微分系统。具体来说，在文献[24]中，首先从检验复平面某一合适半圆盘中该泛函微分系统特征方程根的角度，给出线性自治算子型中立型泛函微分系统稳定性的一个判据，然后又给出三个稳定性充分条件，其中两个条件是利用变差有界系统矩阵函数所形成的非负矩阵谱半径推导得到的，另一个条件是从系统矩阵函数相应的非负矩阵测度和范数的角度给出的，最后通过一个例子表明了所得判据的可应用性。但是关于线性不确定中立型泛函微分系统鲁棒稳定性分析的问题目前仍尚待解决。事实上，由于存在外部未知噪声、环境影响以及不确定或慢变参数等，系统模型总是包含某些不确定性，不确定性可以影响系统的动态特性。因此，研究不确定中立型泛函微分系统鲁棒稳定性分析的问题以便更好地理解该系统行为和结构属性是有价值的。

另外，除了研究线性中立型泛函微分系统稳定性以外，有关非线性中立型泛函微分系统的稳定性分析在以往文献中尚未得到研究，这类系统在应用中是一般的和实用的。在文献[27]中指出，关于非线性中立型微分方程稳定性问题的讨论在实际应用中，如在模式识别、图像处理和组合优化中，具有相当的重要性。于是文献[27]研究了以往很少讨论的非线性状态中立型系统的稳定性问题，根据一阶近似稳定性理论和特征方程频域方法，给出了相应的稳定性判据。但是，对于其一般化扩展模型的非线性状态中立型泛函微分系统稳定性分析的问题还有待深入地研究。

1.3 本书论述的主要内容

本书采用不动点定理方法、无穷维模糊 T-S 模型方法以及特征方程频域法等分别研究了无穷维 Banach 空间上抽象时滞系统的可控性问题、由偏微分方程描述的无穷维系统以及中立型泛函定常时滞系统的稳定性问题。

全书共分 7 章。第 1 章绪论；第 2 章研究了带无穷时滞的分式阶脉冲中立型泛函和发展两类积-微分系统的可控性问题。到目前为止，绝大多数无穷维系统可控性结果仅适用于整数阶的无穷维系统，但是对分式阶无穷维系统可控性的研究并不多见。本章利用了分式阶微积分学、算子半群、豫解算子和 Krasnoselskii 不动点定理，建立了中立型泛函和发展两类无穷维积-微分系统可控性的充分判据。在推导可控性充分判据中，对脉冲函数分别施加了非线性 Lipschitz 条件和具有连续非减函数的上确界条件，并将可控性问题转换为和算子 $\Gamma+\Theta$ 的不动点问题，首先证明了和算子 $\Gamma+\Theta$ 对有界集合的封闭性；其次，通过表明算子 Γ 对有界集合值域的相对紧性以及该值域中函数的一致有界性和等度连续性，根据 Arzela-Ascoli 定理，证明了算子 Γ 对有界集合值域闭包的紧性，接着又证明了算子 Γ 的连续性，从而满足了 Krasnoselskii 不动点定理中有关算子 Γ 为全连续算子的条件；再次，证明了有关算子 Θ 为压缩算子的条件；最后，根据 Krasnoselskii 不动点定理，表明了和算子 $\Gamma+\Theta$ 不动点的存在性，从而最终证明了该两类无穷维积-微分系统的可控性判据。

第 3 章研究了带无穷时滞和状态依赖时滞的分式阶脉冲中立型泛函和发展两类积-微分包含系统的可控性问题。本章利用了分式阶微积分学、算子半群、豫解算子和 Leray-Schauder 多值不动点定理、Dhage 多值不动点定理，分别建立了中立型无穷时滞泛函和状态依赖时滞发展两类无穷维积-微分包含系统可控性的充分判据。在推导无穷时滞抽象包含系统可控性充分判据中，对脉冲函数施加了具有连续非减函数的上确界条件，并将可控性问题转换为多值算子 Γ 的不动点问题，首先通过表明多值算子 Γ 对有界集合值域的相对紧性以及该值域中函数的一致有界性和等度连续性，根据 Arzela-Ascoli 定理，证明了多值算子 Γ 为全连续的，并具有非空紧值；其次，根据 Lasota-Opial 引理，证明了多值算子 Γ 有闭图，进而利用多值算子上半连续的充要判据，证明了多值算子 Γ 为上半连续的；再次，根据系统多值算子的凸性，证明了多值算子 Γ 为凸的；最后，根据 Leray-Schauder 多值不动点定理，通过表明定理中边界条件是不成立的，因而证明了多值算子 Γ 不动点的存在性以及相应的无穷时滞抽象包含系统的可控性判据。类似地，在推导状态依赖时滞抽象包含系统可控性充分判据中，将可控性问题转换为多值算子 $\Gamma+\Theta$ 的不动点问题，首先证明了多值算子 Γ 为上半连续紧算子，并具有非空闭凸值；其次，证明了多值算子 Θ 为有界、闭凸和压缩算子；最后，根据 Dhage 多值不动点定理，通过表明定理中边界条件是不成立的，因而证明了多值算子 $\Gamma+\Theta$ 不动点的存在性以及相应的状态依赖时滞抽象包含系统的可控性判据。

第 4 章将由常微分方程描述的有穷维非线性系统控制问题的模糊 T-S 模型方法推广到由偏微分方程描述的无穷维非线性控制问题中，提出了无穷维模糊 T-S 模型方法。依据模糊 T-S 模型对非线性动态系统的万能逼近理论，针对非线性双曲型和抛物型无穷维复值参数系统，分别建立了由线性双曲型和抛物型偏微分方程描述的动态 T-S 模糊系统，利用线性算子不等式，分析了复 Hilbert 空间上无穷维模糊 T-S 系统的指数稳定性和耗散性，并利用 Wirtinger 不等式，给出了可数值求解的相应稳定性和耗散性条件。另外，值得一提的是，本章在研究无穷维系统耗散性问题中，提出了无穷维版能量供给率（$\boldsymbol{Q}_1, \boldsymbol{S}_1, \boldsymbol{R}_1$），其中算子$\boldsymbol{Q}_1$为负半定无界算子，这表征了无穷维版能量供给率的特点。

第 5 章针对 Lur'e 随机无穷维控制系统的绝对随机输入-状态稳定性以及均方指数稳定性问题，首先利用线性算子不等式技术，给出了 Hilbert 空间中扇区[0，$\boldsymbol{K}$]的相应稳定性条件，然后利用回环变换技术，给出了相应扇区[$\boldsymbol{K}_1, \boldsymbol{K}_2$]的稳定性结果，其中算子$\boldsymbol{K}, \boldsymbol{K}_1, \boldsymbol{K}_2$为线性无界算子，并将相应 Hilbert 空间中稳定性结果应用于随机波动方程，给出了可数值求解的随机稳定性条件。

第 6 章研究了针对作为线性中立型定常时滞系统一般化扩展模型的线性不确定中立型泛函定常时滞系统鲁棒稳定性问题，首先从确定有界长方形不稳定区域的角度，利用由系统矩阵函数的有界变差定义的系统矩阵函数范数，建立了范数有界不确定泛函系统的鲁棒稳定性判据，并以不平凡方式推广了文献中有关线性确定性中立型多时滞系统的稳定性结果；其次提出了变差有界不确定性这一新概念，该新概念是中立型泛函时滞系统所独有的，因为在具体中立型时滞系统中，仅能讨论范数有界或多面体不确定性。在此概念基础上，利用了由系统矩阵函数有界变差所形成的非负矩阵的谱半径，推导得到了变差有界不确定泛函系统的鲁棒稳定性判据，并作为特例给出了与文献中有关线性确定性中立型单时滞系统稳定性结果相平行的判据，Matlab 计算表明本书的稳定性判据提供了能保证线性中立型泛函系统渐近稳定性的更大的时滞上界和系统参数鲁棒区间，是不保守的，因而改进了以往文献中所给出的结果。

有关非线性中立型微分系统稳定性问题的讨论在实际应用中，如在模式识别、图像处理和组合优化中，具有相当的重要性。除线性中立型泛函定常时滞系统以外，第 7 章研究了非线性状态中立型泛函定常时滞系统的稳定性问题。利用由系统矩阵函数有界变差所形成的非负矩阵的谱半径、一阶近似稳定性理论以及特征方程频域法，建立了非线性状态中立型泛函系统的稳定性判据，并以不平凡方式推广了有关非线性状态中立型定常时滞系统的稳定性结果，数值例子表明了所给出的稳定性判据的有效性。

参 考 文 献

[1] 刘豹. 现代控制理论. 第2版. 北京：机械工业出版社，1997.

[2] Balachandran K，Park J Y. Controllability of fractional integrodifferential systems in Banach spaces. Nonlinear Analysis：Hybrid Systems，2009，3（4）：363-367.

[3] Chang Y K. Controllability of impulsive functional differential systems with infinite delay in Banach spaces. Chaos，Solitons and Fractals，2007，33（5）：1601-1609.

[4] Balachandran K. Controllability of second-order integrodifferential evolution systems in Banach spaces. Computers and Mathematics with Applications，2005，49（11-12）：1623-1642.

[5] Balachandran K，Leelamani A，Kim J H. Controllability of neutral functional evolution integrodifferential systems with infinite delay. IMA Journal of Mathematical Control and Information，2008，25（2）：157-171.

[6] Wang L，Wang Z. Controllability of abstract neutral functional differential systems with infinite delay. Dynamic Continuous and Discrete Impulsive System Series B Applied Algorithms，2002，9（1）：59-70.

[7] Fu X. Controllability of neutral functional differential systems in abstract space. Applied Mathematics and Computation，2003，141（2-3）：281-296.

[8] Balachandran K，Anandhi E R. Controllability of neutral functional integrodifferential infinite delay systems in Banach spaces. Taiwanese Journal of Mathematics，2004，8（4）：689-702.

[9] Sakthivel R. Controllability of nonlinear neutral evolution integro-differential systems. Journal of Mathematical Analysis and Application，2002，275（1）：402-417.

[10] Sakthivel R. Controllability result for nonlinear evolution integro-differential systems. Applied Mathematics Letters，2004，17（9）：1015-1023.

[11] Sakthivel R. Existence and controllability result for semilinear evolution integro-

differential systems. Mathematical and Computer Modelling，2005，41（8-9）：1005-1011.

[12] Li M，Wang M，Zhang F. Controllability of impulsive functional differential systems in Banach spaces. Chaos，Solitons and Fractals，2006，29（1）：175-181.

[13] Park J Y. Controllability of impulsive neutral integrodifferential systems with infinite delay in Banach spaces. Nonlinear Analysis：Hybrid Systems，2009，3（3）：184-194.

[14] Chang Y K. Controllability of impulsive functional differential systems with infinite delay in Banach spaces. Chaos，Solitons and Fractals，2007，33（5）：1601-1609.

[15] Liu B. Controllability of impulsive neutral functional differential inclusions with infinite delay. Nonlinear Analysis，2005，60（8）：1533-1552.

[16] Chang Y K. Controllability of impulsive neutral functional differential inclusions with infinite delay in Banach spaces. Chaos，Solitons and Fractals，2009，39（4）：1864-1876.

[17] Chang Y K，Li W T，Nieto J J. Controllability of evolution differential inclusions in Banach spaces. Nonlinear Analysis，2007，67（2）：623-632.

[18] Hernandez E，Pierri M，Goncalves G. Existence results for an impulsive abstract partial differential equation with state-dependent delay. Computers and Mathematics with Applications，2006，52（3-4）：411-420.

[19] Hernandez E，Mckibben M A. On state-dependent delay partial neutral functional-differential equations. Applied Mathematics and Computation，2007，186（1）：294-301.

[20] Hernandez E，Sakthivel R，Aki S T. Existence results for impulsive evolution differential equations with state-dependent delay. Electronic Journal of differential Equations，2008，28：1-11.

[21] Hernandez E，Mckibben M，Henriquez H. Existence results for partial neutral functional differential equations with state-dependent delay. Mathematical and Computer Modelling，2009，49（5-6）：1260-1267.

[22] Li W S，Chang Y K，Nieto J J. Solvability of impulsive neutral evolution differential inclusions with state-dependent delay. Mathematical and Computer Modelling，

2009，49（9-10）：1920-1927.

[23] Fridman E. Exponential stability of linear distributed parameter systems with time-varying delays. Automatica，2009，45（1）：194-201.

[24] Ngoc P H A，Lee B S. Some sufficient conditions for exponential stability of linear neutral functional differential equations. Applied Mathematics and Computation，2005，170（1）：515-530.

[25] Hale J K，Lunel S M V，Sjoerd M. Strong stabilization of neutral functional differential equations，Special issue on analysis and design of delay and propagation systems. IMA Journal of Mathematical Control and Information，2002，19（1-2）：5-23.

[26] Sengadir T，Padhi S. Stability and asymptotic stability of neutral functional differential equations. Differential Equations and Dynamic System，1999，2：239-249.

[27] Xiong W，Liang J. Novel stability criteria for neutral systems with multiple time delays. Chaos，Solitons and Fractals，2007，32（5）：1735-1741.

第2章 无穷维 Banach 空间上积-微分系统的可控性研究：不动点定理方法

2.1 引 言

在以往文献[1]～[15]中，广泛地研究了无穷维 Banach 空间上的可控性问题。Balachandran 等[1-4]和 Sakthivel[5-7]讨论了抽象空间上泛函和发展系统的可控性。由于在许多发展过程中状态的变化是以突变的现象出现的，Li 等[8]和 Chang[9]利用 Schaefer 不动点定理研究了无穷维 Banach 空间上脉冲泛函微分系统的可控性，Park[10]论述了无穷维 Banach 空间上带无穷时滞的脉冲中立型积-微分系统的可控性。到目前为止，绝大多数可控性结果仅适用于整数阶无穷维系统，但是对分式阶无穷维系统可控性的研究并不多见[1]。分式阶无穷维系统可以作为非线性微分系统的替代模型[11]，许多偏分式阶微分和积-微分方程可以转化为无穷维 Banach 空间上的分式阶方程[1,12]，因此有必要讨论无穷维 Banach 空间上的分式阶泛函和发展系统的可控性问题。

在本章中，利用分式阶微积分学、豫解算子和 Krasnoselskii 不动点定理，分别研究了无穷维 Banach 空间上带无穷时滞的分式阶脉冲中立型泛函和发展积-微分系统的可控性。

2.2 无穷维 Banach 空间上分式阶中立型无穷时滞泛函积-微分系统的可控性

2.2.1 系统描述和预备知识

考虑下列无穷维 Banach 空间上分式阶脉冲中立型无穷时滞泛函积-

微分系统：

$$\begin{cases}\dfrac{\mathrm{d}^q}{\mathrm{d}t^q}[x(t)-g(t,x_t)]=(Ax)(t)+(Bu)(t)+f\left(t,x_t,\int_0^t h(t,s,x_s)\mathrm{d}s\right),\\ t\in J=[0,b],t\neq t_k,k=1,2,\cdots,m\end{cases}\tag{2.1}$$

$$\Delta x|_{t=t_k}=I_k(x(t_k^-)),k=1,2,\cdots,m\tag{2.2}$$

$$x_0=\varphi\in B_v\tag{2.3}$$

式中，$0<q<1$，状态$x(\cdot)$属于 Banach 空间 X，该空间赋有范数$|\cdot|$；控制函数$u(\cdot)$取值于可允许的控制函数所形成的 Banach 空间$L^2(J,U)$；算子 A 为 Banach 空间 X 上强连续半群$T(t)$的无穷小生成算子；算子 B 为 Banach 空间 U 到 X 的有界线性算子；$\Delta x|_{t=t_k}=x(t_k^+)-x(t_k^-),k=1,2,\cdots,m$，$0=t_0<t_1<t_2<\cdots<t_m<t_{m+1}=b$。

令$x_t(\cdot)$表示$x_t(\theta):=x(t+\theta),\theta\in(-\infty,0]$。函数 g,f,h 将在下面定义。

假设$v:(-\infty,0]\to(0,+\infty)$为连续函数，满足$l=\int_{-\infty}^0 v(t)\mathrm{d}t<+\infty$。由函数 v 诱导的 Banach 空间$(B_v,\|\cdot\|_{B_v})$定义如下：

$B_v:=\Big\{\varphi:(-\infty,0]\to X$: 对任意$c>0,\varphi(\theta)$在区间$[-c,0]$上为有界可测函数，并且$\int_{-\infty}^0 v(s)\sup\limits_{s\leqslant\theta\leqslant 0}|\phi(\theta)|\mathrm{d}s<+\infty\Big\}$，赋有范数$\|\phi\|_{B_v}:=\int_{-\infty}^0 v(s)\sup\limits_{s\leqslant\theta\leqslant 0}|\phi(\theta)|\mathrm{d}s$。

定义空间$B_v':=\{\varphi:(-\infty,b]\to X:\varphi_k\in C(J_k,X)$并且存在$\varphi(t_k^-)$和$\varphi(t_k^+)$，使得$\varphi(t_k)=\varphi(t_k^-),\varphi_0=\phi\in B_v,k=0,1,\cdots,m\}$。

其中φ_k为限制到J_k的φ，$J_0:=[0,t_1],J_k:=(t_k,t_{k+1}],k=1,2,\cdots,m$。

空间B_v'上半范数$\|\cdot\|_{B_v'}$定义为

$$\|\varphi\|_{B_v'}:=\|\varphi\|_{B_v}+\sup\{|\varphi(s)|:s\in[0,b]\},\quad \varphi\in B_v'$$

由空间B_v'诱导的 Banach 空间$(B_v'',\|\cdot\|_{B_v'})$定义为

$B_v'':=\{\varphi\in B_v':0=\varphi_0\in B_v\}$，赋有范数$\|\varphi\|_{B_v'}:=\sup\{|\varphi(s)|:s\in[0,b]\}$。

最后，对某$r>0$，定义空间$B_r:=\{\varphi\in B_v'':\|\varphi\|_{B_v'}\leqslant r\}$，那么$B_r$为 Banach

空间 X 中有界闭凸子集。

在给出主要结果之前，先介绍一些有价值的定义和引理。

定义 2.1[1,16] 如果存在实数 $p>\alpha$，使得实值函数 $f(t)=t^p g(t)$，其中 $g\in C[0,\infty)$，则称 f（t）属于空间 $C_\alpha,\alpha\in R$。如果 $f^{(m)}\in C_\alpha,m\in N$，则称 f（t）属于空间 C_α^m。

定义 2.2[1,16] 如果函数 $f\in C_{-1}^m$ 并且 m 为正整数，那么 f（t）的分式阶导数在 Caputo 意义下定义为

$$\frac{\mathrm{d}^\alpha f(t)}{\mathrm{d}t^\alpha}=\frac{1}{\Gamma(m-\alpha)}\int_0^t (t-s)^{m-\alpha-1} f^{(m)}(s)\mathrm{d}s,\ m-1<\alpha\leqslant m$$

如果 $0<\alpha\leqslant 1$，那么 $\dfrac{\mathrm{d}^\alpha f(t)}{\mathrm{d}t^\alpha}=\dfrac{1}{\Gamma(1-\alpha)}\displaystyle\int_0^t \frac{f'(s)}{(t-s)^\alpha}\mathrm{d}s$，其中 $f'(s)=\dfrac{\mathrm{d}f(s)}{\mathrm{d}s}$ 并且 f 为抽象函数，取值于 Banach 空间 X。

引理 2.1[9] 假设 $x\in B_v'$，那么对 $t\in J,x_t\in B_v$。

此外，$l|x(t)|\leqslant\|x_t\|_{B_v}\leqslant\|\phi\|_{B_v}+l\sup_{s\in[0,t]}|x(s)|$。

定义 2.3 如果函数 $x:(-\infty,b]\to X$ 的初始函数 $x_0=\phi\in B_v$，限制到区间 $J_k(k=0,1,\cdots,m)$ 的函数 $x(\cdot)$ 都是连续的并且下列积分方程成立：对 $t\in J$，有

$$\begin{aligned}x(t)=&T(t)[\phi(0)-g(0,\phi)]+g(t,x_t)\\&+\frac{1}{\Gamma(q)}\int_0^t(t-s)^{q-1}T(t-s)\Big[Ag(s,x_s)+(Bu)(s)\\&+f\Big(s,x_s,\int_0^s h(s,\tau,x_\tau)\,\mathrm{d}\tau\Big)\Big]\mathrm{d}s\\&+\sum_{0<t_k<t}T(t-t_k)I_k(x(t_k^-))\end{aligned}\tag{2.4}$$

则称函数 $x:(-\infty,b]\to X$ 为系统（2.1）～系统（2.3）的温和解。

定义 2.4 如果对任意初始函数 $x_0=\phi\in B_v$ 和终态 $x_1\in X$，存在控制 $u\in L^2(J,U)$，使得系统（2.1）～系统（2.3）的温和解 $x(\cdot)$ 满足 $x(b)=x_1$，则称系统（2.1）～系统（2.3）在区间 J 上为可控的。

作为推导本小节可控性结果的主要工具，引进 Krasnoselskii 不动点

定理如下。

引理 2.2（Krasnoselskii[17]） 令 M 为 Banach 空间（$S,|\cdot|$）的闭凸非空子集。假设算子 $\Gamma,\Theta:M\to S$ 满足下列三个条件：

（i）$\Gamma x+\Theta y\in M,\forall x,y\in M$；

（ii）Γ 为连续的，并且集合 ΓM 包含在紧集中；

（iii）Θ为压缩的，压缩常数$\alpha<1$。

那么，存在 $y\in M$，使得 $\Gamma y+\Theta y=y$。

下面，我们将利用引理 2.2 给出本节的主要结果。

2.2.2 Krasnoselskii 不动点定理的应用 I

为了研究系统（2.1）～系统（2.3）的可控性，我们作出以下假设。

假设 2.1 由算子 A 生成的 Banach 空间 X 上强连续半群 $T(t)$ 是紧的，并且算子 $T(t)$ 满足对某$M_1\geqslant 1$，当$t\geqslant 0$时，$|T(t)|\leqslant M_1$。

假设 2.2 线性算子

$$W:L^2(J,U)\to X,u\mapsto Wu:=\frac{1}{\Gamma(q)}\int_0^b(b-s)^{q-1}T(b-s)(Bu)(s)\mathrm{d}s$$

有可逆算子W^{-1}，取值于$L^2(J,U)\setminus KerW$，并且存在正常数M_2，使得$|BW^{-1}|\leqslant M_2$。

假设 2.3 $g:J\times B_v\to X$ 并且存在正常数L_1,L_2,L_3,L_4，使得

$|g(t_1,\phi_1)-g(t_2,\phi_2)|\leqslant L_1(\|\phi_1-\phi_2\|_{B_v}+|t_1-t_2|)$；

$|AT(t_1-s)g(s,\phi_1)-AT(t_2-s)g(s,\phi_2)|\leqslant L_2(\|\phi_1-\phi_2\|_{B_v}+|t_1-t_2|)$；

$L_3=\sup_{t\in J}|g(t,0)|$； $L_4=\sup_{(t,s)\in\Delta}|AT(t-s)g(s,0)|$。

式中，$\Delta=\{(t,s):0\leqslant s\leqslant t\leqslant b\}$。

假设 2.4 $f:J\times B_v\times X\to X$，并且存在正常数$K_1,K_2$，使得

$|f(t_1,\phi_1,y_1)-f(t_2,\phi_2,y_2)|\leqslant K_1(\|\phi_1-\phi_2\|_{B_v}+|y_1-y_2|+|t_1-t_2|)$；

$K_2:=\sup_{t\in J}|f(t,0,0)|$。

假设 2.5 $h:\Delta\times B_v\to X$，并且存在正常数Q_1,Q_2，使得

$|h(t_1,s,\phi_1)-h(t_2,s,\phi_2)|\leqslant Q_1(\|\phi_1-\phi_2\|_{B_v}+|t_1-t_2|)$；

$Q_2 := \sup_{(t,s)\in \Delta} |h(t,s,0)|$。

假设 2.6 $I_k: X\to X, |I_k(x_1)-I_k(x_2)| \leqslant \alpha_k |x_1-x_2|, |I_k(0)| \leqslant \beta_k$，其中常数 $\alpha_k>0, \beta_k>0, k=1,\cdots,m$。

假设 2.7

$$
\begin{aligned}
N:=&\frac{b^q M_1}{\Gamma(q+1)}(K_1(r'+b(Q_1r'+Q_2))+K_2)+M_1\sum_{k=1}^{m}(\alpha_k(r+M_1|\phi(0)|)+\beta_k)\\
&+\frac{b^q M_1 M_2}{\Gamma(q+1)}\Bigg[|x_1|+M_1(|\phi(0)|+L_1\|\phi\|_{B_v}+L_3)+L_1r'+L_3\\
&+M_1\sum_{k=1}^{m}(\alpha_k(r+M_1|\phi(0)|)+\beta_k)+\frac{b^q}{\Gamma(q+1)}(L_2r'+L_4)\\
&+\frac{b^q M_1}{\Gamma(q+1)}(K_1(r'+b(Q_1r'+Q_2))+K_2)\Bigg]+M_1(L_1\|\phi\|_{B_v}+L_3)\\
&+(L_1r'+L_3)+\frac{b^q}{\Gamma(q+1)}(L_2r'+L_4)\leqslant r,
\end{aligned}
$$

式中，$r':=\|\phi\|_{B_v}+l(r+M_1|\phi(0)|)$。

假设 2.8 $\alpha:=(L_1+\dfrac{b^q}{\Gamma(q+1)}L_2)l<1$。

由上述假设，可以得到本节的如下主要结果。

定理 2.1 如果系统（2.1）～系统（2.3）满足假设 2.1～假设 2.8，那么该系统在区间 J 上可控。

证明 鉴于假设 2.2，对任意系统状态函数 $x(\cdot)$，定义控制函数如下：

$$
\begin{aligned}
u(t)=W^{-1}\Bigg[&x_1-T(b)[\phi(0)-g(0,\phi)]-g(b,x_b)-\frac{1}{\Gamma(q)}\int_0^b(b-s)^{q-1}T(b-s)\\
&\times\left[Ag(s,x_s)+f\left(s,x_s,\int_0^s h(s,\tau,x_\tau)\mathrm{d}\tau\right)\right]\mathrm{d}s-\sum_{k=1}^{m}T(b-t_k)I_k(x(t_k^-))\Bigg](t) \quad (2.5)
\end{aligned}
$$

定义算子 $\Omega: B_v'\to B_v'$ 如下：

$(\Omega x)(t)=\phi(t), t\in(-\infty,0]$；

$$(\Omega x)(t)=T(t)[\phi(0)-g(0,\phi)]+g(t,x_t)+\frac{1}{\Gamma(q)}\int_0^t(t-s)^{q-1}T(t-s)\Big[Ag(s,x_s)+(Bu)(s)+f\Big(s,x_s,\int_0^s h(s,\tau,x_\tau)\mathrm{d}\tau\Big)\Big]\mathrm{d}s+\sum_{0<t_k<t}T(t-t_k)I_k(x(t_k^-)),t\in J \tag{2.6}$$

下面只要证明当使用控制（2.5）时，算子 Ω 存在不动点 $x(\cdot)$，就可以证明该定理。因为该不动点就是系统（2.1）～系统（2.3）的温和解并且 $x(b)=(\Omega x)(b)=x_1$，于是我们可以得出结论：系统（2.1）～系统（2.3）为可控的。

令 $x(t)=y(t)+\hat{\phi}(t),t\in(-\infty,b]$，其中 $\hat{\phi}(t)=\begin{cases}\phi(t),t\in(-\infty,0]\\ T(t)\phi(0),t\in J\end{cases}$。

定义算子 $\Gamma:B_v''\to B_v''$ 和 $\Theta:B_v''\to B_v''$ 如下：

$$(\Gamma y)(t)=\begin{cases}0,t\in(-\infty,0]\\ \frac{1}{\Gamma(q)}\int_0^t(t-s)^{q-1}T(t-s)f\Big(s,y_s+\hat{\varphi}_s,\int_0^s h(s,\tau,y_\tau+\hat{\varphi}_\tau)\mathrm{d}\tau\Big)\mathrm{d}s\\ +\sum_{0<t_k<t}T(t-t_k)I_k(y(t_k^-)+\hat{\varphi}(t_k^-))\\ +\frac{1}{\Gamma(q)}\int_0^t(t-s)^{q-1}T(t-s)BW^{-1}\Big[x_1-T(b)[\varphi(0)-g(0,\varphi)]\\ -g(b,y_b+\hat{\varphi}_b)-\sum_{k=1}^m T(b-t_k)I_k(y(t_k^-)+\hat{\varphi}(t_k^-))\\ -\frac{1}{\Gamma(q)}\int_0^b(b-\eta)^{q-1}T(b-\eta)\Big(Ag(\eta,y_\eta+\hat{\varphi}_\eta)\\ +f\Big(\eta,y_\eta+\hat{\varphi}_\eta,\int_0^\eta h(\eta,\tau,y_\tau+\hat{\varphi}_\tau)\mathrm{d}\tau\Big)\Big)\mathrm{d}\eta\Big](s)\mathrm{d}s,\\ t\in J\end{cases}$$

$$(\Theta y)(t)=\begin{cases}0, t\in(-\infty,0]\\ -T(t)g(0,\varphi)+g(t,y_t+\hat{\varphi}_t)\\ +\dfrac{1}{\Gamma(q)}\int_0^t(t-s)^{q-1}AT(t-s)g(s,y_s+\hat{\varphi}_s)\mathrm{d}s,\\ t\in J\end{cases}$$

很明显，算子Ω存在不动点当且仅当算子$\Gamma+\Theta$存在不动点。为了证明算子$\Gamma+\Theta$存在不动点，我们将利用 Krasnoselskii 不动点定理，分几步予以证明。

第 1 步: 证明$(\Gamma+\Theta)B_r\subset B_r$，即$\forall\phi_1,\phi_2\in B_r$暗示着$\Gamma\phi_1+\Theta\phi_2\in B_r$。根据假设 2.1～假设 2.7 和引理 2.1，容易得到

$$\begin{aligned}&\left|(\Gamma\varphi_1)(t)+(\Theta\varphi_2)(t)\right|\\ \leqslant&\frac{1}{\Gamma(q)}\int_0^t(t-s)^{q-1}\left|T(t-s)\right|\left|f\left(s,\varphi_{1_s}+\hat{\varphi}_s,\int_0^s h(s,\tau,\varphi_{1_\tau}+\hat{\varphi}_\tau)\mathrm{d}\tau\right)\right|\mathrm{d}s\\ &+\sum_{0<t_k<t}\left|T(t-t_k)\right|\left|I_k(\varphi_1(t_k^-)+\hat{\varphi}(t_k^-))\right|\\ &+\frac{1}{\Gamma(q)}\int_0^t(t-s)^{q-1}\left|T(t-s)\right|\left|BW^{-1}\right|\Bigg[\left|x_1\right|+\left|T(b)\right|[|\varphi(0)|+|g(0,\varphi)|]\\ &+\left|g(b,\varphi_{1_b}+\hat{\varphi}_b)\right|+\sum_{k=1}^m\left|T(b-t_k)\right|\left|I_k(\varphi_1(t_k^-)+\hat{\varphi}(t_k^-))\right|\\ &+\frac{1}{\Gamma(q)}\int_0^b(b-\eta)^{q-1}\left|AT(b-\eta)g(\eta,\varphi_{1_\eta}+\hat{\varphi}_\eta)\right|\mathrm{d}\eta\\ &+\frac{1}{\Gamma(q)}\int_0^b(b-\eta)^{q-1}\left|T(b-\eta)\right|\\ &\times\left|f\left(\eta,\varphi_{1_\eta}+\hat{\varphi}_\eta,\int_0^\eta h(\eta,\tau,\varphi_{1_\tau}+\hat{\varphi}_\tau)\mathrm{d}\tau\right)\right|\mathrm{d}\eta\Bigg](s)\mathrm{d}s\\ &+\left|T(t)\right|\left|g(0,\varphi)\right|+\left|g(t,\varphi_{2_t}+\hat{\varphi}_t)\right|\\ &+\frac{1}{\Gamma(q)}\int_0^t(t-s)^{q-1}\left|AT(t-s)g(s,\varphi_{2_s}+\hat{\varphi}_s)\right|\mathrm{d}s\leqslant N\leqslant r\end{aligned}\tag{2.7}$$

因此，引理 2.2 中的条件（ i ）得到满足。

第 2 步：证明算子 Γ 将集合 B_r 映射为等度连续函数的集合。对 $y\in B_r,\theta_1,\theta_2\in J$ 和 $0<\theta_1<\theta_2\leqslant b$，根据假设 2.1～假设 2.6 和引理 2.1，我们有

$$
\begin{aligned}
&\left|(\Gamma y)(\theta_1)-(\Gamma y)(\theta_2)\right|\\
\leqslant&\frac{1}{\Gamma(q)}\int_0^{\theta_1}\Big((\theta_1-s)^{q-1}\left|T(\theta_1-s)-T(\theta_2-s)\right|\\
&+\left|(\theta_1-s)^{q-1}-(\theta_2-s)^{q-1}\right|\left|T(\theta_2-s)\right|\Big)(K_1(r'+b(Q_1r'+Q_2))+K_2)\mathrm{d}s\\
&+\frac{1}{\Gamma(q+1)}M_1(K_1(r'+b(Q_1r'+Q_2))+K_2)(\theta_2-\theta_1)^q\\
&+\sum_{0<t_k<\theta_1}\left|T(\theta_1-t_k)-T(\theta_2-t_k)\right|\Big(\alpha_k\left|y(t_k^-)+\hat{\phi}(t_k^-)\right|+\beta_k\Big)\\
&+M_1\sum_{\theta_1\leqslant t_k<\theta_2}\Big(\alpha_k\left|y(t_k^-)+\hat{\phi}(t_k^-)\right|+\beta_k\Big)\\
&+\frac{1}{\Gamma(q)}\int_0^{\theta_1}\Big((\theta_1-s)^{q-1}\left|T(\theta_1-s)-T(\theta_2-s)\right|\\
&+\left|(\theta_1-s)^{q-1}-(\theta_2-s)^{q-1}\right|\left|T(\theta_2-s)\right|\Big)\times M_2\Big[|x_1|+M_1(|\phi(0)|+\left|g(0,\phi)\right|)\\
&+L_1\left\|y_b+\hat{\phi}_b\right\|_{B_v}+L_3+M_1\sum_{k=1}^{m}\Big(\alpha_k\left|y(t_k^-)+\hat{\phi}(t_k^-)\right|+\beta_k\Big)\\
&+\frac{b^q}{\Gamma(q+1)}(L_2\left\|y_\eta+\hat{\phi}_\eta\right\|_{B_v}+L_4)\\
&+\frac{b^qM_1}{\Gamma(q+1)}(K_1(r'+b(Q_1r'+Q_2))+K_2)\Big](s)\mathrm{d}s\\
&+\frac{1}{\Gamma(q+1)}M_1M_2\Big[|x_1|+M_1(|\varphi(0)|+|g(0,\varphi)|)+L_1\left\|y_b+\hat{\phi}_b\right\|_{B_v}+L_3\\
&+M_1\sum_{k=1}^{m}\Big(\alpha_k\left|y(t_k^-)+\hat{\phi}(t_k^-)\right|+\beta_k\Big)+\frac{b^q}{\Gamma(q+1)}(L_2\left\|y_\eta+\hat{\phi}_\eta\right\|_{B_v}+L_4)\\
&+\frac{b^qM_1}{\Gamma(q+1)}(K_1(r'+b(Q_1r'+Q_2))+K_2)\Big](\theta_2-\theta_1)^q
\end{aligned}\tag{2.8}
$$

由于算子 $T(t)$，对 $t>0$，为紧的，这意味着该算子按一致算子拓扑连续的，所以式(2.8)的右侧当 $\theta_2-\theta_1\to 0$ 时趋于 0。因此，集合 $\Gamma(B_r)$ 中函数为等度连续的。由于 $\theta_1<\theta_2<0$ 或者 $\theta_1<0<\theta_2$ 这两种情况比较简单，所以对这两种情况的等度连续性就不予证明了。

第 3 步：证明集合 $\Gamma(B_r)$ 为相对紧的。令 $0<t\leqslant b$ 固定以及 ε 为满足 $0<\varepsilon<t$ 的实数，定义算子 $\Gamma_\varepsilon:B_v''\to B_v''$ 如下：

$$
\begin{aligned}
(\Gamma_\varepsilon y)(t)=&\frac{T(\varepsilon)}{\Gamma(q)}\int_0^{t-\varepsilon}(t-s)^{q-1}T(t-s-\varepsilon)\\
&\times f\left(s,y_s+\hat{\varphi}_s,\int_0^s h(s,\tau,y_\tau+\hat{\varphi}_\tau)\mathrm{d}\tau\right)\mathrm{d}s+\sum_{0<t_k<t}T(t-t_k)I_k(y(t_k^-)\\
&+\hat{\varphi}(t_k^-))+\frac{T(\varepsilon)}{\Gamma(q)}\int_0^{t-\varepsilon}(t-s)^{q-1}T(t-s-\varepsilon)\\
&\times BW^{-1}\Bigg[x_1-T(b)\big(\varphi(0)-g(0,\varphi)\big)-g(b,y_b+\hat{\varphi}_b)\\
&-\sum_{k=1}^m T(b-t_k)I_k(y(t_k^-)+\hat{\varphi}(t_k^-))\\
&-\frac{1}{\Gamma(q)}\int_0^b(b-\eta)^{q-1}T(b-\eta)\Bigg(Ag(\eta,y_\eta+\hat{\varphi}_\eta)\\
&+f\left(\eta,y_\eta+\hat{\varphi}_\eta,\int_0^\eta h(\eta,\tau,y_\tau+\hat{\varphi}_\tau)\mathrm{d}\tau\right)\mathrm{d}\eta\Bigg)\Bigg](s)\mathrm{d}s \qquad (2.9)
\end{aligned}
$$

由于 $T(t)$ 为紧算子，所以集合 $Y_\varepsilon(t)=\{(\Gamma_\varepsilon y)(t):y\in B_r\}$，对于任意 ε（$0<\varepsilon<t$），为 Banach 空间 X 中的相对紧集。

此外，对于任意 $y\in B_v''$，我们有

$$
\begin{aligned}
&\left|(\Gamma y)(t)-(\Gamma_\varepsilon y)(t)\right|\\
\leqslant&\frac{1}{\Gamma(q)}\int_{t-\varepsilon}^t\left|(t-s)^{q-1}T(t-s)f\left(s,y_s+\hat{\varphi}_s,\int_0^s h(s,\tau,y_\tau+\hat{\varphi}_\tau)\mathrm{d}\tau\right)\right|\mathrm{d}s
\end{aligned}
$$

$$
\begin{aligned}
&+\frac{1}{\Gamma(q)}\int_{t-\varepsilon}^{t}\bigg|(t-s)^{q-1}T(t-s)BW^{-1}\bigg[x_1-T(b)[\varphi(0)-g(0,\varphi)]\\
&-g(b,y_b+\hat{\phi}_b)-\sum_{k=1}^{m}T(b-t_k)I_k(y(t_k^-)+\hat{\phi}(t_k^-))\\
&-\frac{1}{\Gamma(q)}\int_0^b(b-\eta)^{q-1}T(b-\eta)\bigg(Ag(\eta,y_\eta+\hat{\varphi}_\eta)\\
&+f\bigg(\eta,y_\eta+\hat{\varphi}_\eta,\int_0^\eta h(\eta,\tau,y_\tau+\hat{\varphi}_\tau)\mathrm{d}\tau\bigg)\mathrm{d}\eta\bigg)\bigg](s)\mathrm{d}s \qquad (2.10)
\end{aligned}
$$

因而当$\varepsilon \to 0_+$时，$|(\Gamma y)(t)-(\Gamma_\varepsilon y)(t)| \to 0$，这意味着存在相对紧集，任意接近于集合$\Gamma(B_r)$。因此，集合$\Gamma(B_r)$在 Banach 空间$X$中为相对紧的。

容易看出集合$\Gamma(B_r)$中函数为一致有界的。根据 Arzela-Ascoli 定理，由于集合$\Gamma(B_r)$的相对紧性以及集合$\Gamma(B_r)$中函数的一致有界性和等度连续性，集合闭包$\overline{\Gamma(B_r)}$是紧的。

第 4 步：证明算子Γ为连续的。

$$
\begin{aligned}
&|(\Gamma\phi_1)(t)-(\Gamma\phi_2)(t)|\\
\leqslant&\frac{1}{\Gamma(q)}\int_0^t(t-s)^{q-1}|T(t-s)|\bigg|f\bigg(s,\phi_{1_s}+\hat{\phi}_s,\int_0^s h(s,\tau,\phi_{1_\tau}+\hat{\phi}_\tau)d\tau\bigg)\\
&-f\bigg(s,\varphi_{2_s}+\hat{\varphi}_s,\int_0^s h(s,\tau,\varphi_{2_\tau}+\hat{\varphi}_\tau)\mathrm{d}\tau\bigg)\bigg|\mathrm{d}s\\
&+\sum_{0<t_k<t}|T(t-t_k)|\left|I_k(\phi_1(t_k^-)+\hat{\phi}(t_k^-))-I_k(\phi_2(t_k^-)+\hat{\phi}(t_k^-))\right|\\
&+\frac{1}{\Gamma(q)}\int_0^t(t-s)^{q-1}|T(t-s)||BW^{-1}|\Big[|g(b,\phi_{1_b}+\hat{\phi}_b)-g(b,\phi_{2_b}+\hat{\phi}_b)|\\
&+\sum_{k=1}^{m}|T(b-t_k)|\left|I_k(\phi_1(t_k^-)+\hat{\phi}(t_k^-))-I_k(\phi_2(t_k^-)+\hat{\phi}(t_k^-))\right|\\
&+\frac{1}{\Gamma(q)}\int_0^b(b-\eta)^{q-1}|AT(b-\eta)g(\eta,\varphi_{1_\eta}+\hat{\varphi}_\eta)
\end{aligned}
$$

$$-AT(b-\eta)g(\eta,\varphi_{2_\eta}+\hat{\varphi}_\eta)\Big|\mathrm{d}\eta$$

$$+\frac{1}{\Gamma(q)}\int_0^b(b-\eta)^{q-1}\left|T(b-\eta)\right|\left|f\left(\eta,\varphi_{1_\eta}+\hat{\varphi}_\eta,\int_0^\eta h(\eta,\tau,\varphi_{1_\tau}+\hat{\varphi}_\tau)\mathrm{d}\tau\right)\right.$$

$$\left.-f\left(\eta,\varphi_{2_\eta}+\hat{\varphi}_\eta,\int_0^\eta h(\eta,\tau,\varphi_{2_\tau}+\hat{\varphi}_\tau)\mathrm{d}\tau\right)\right|\mathrm{d}\eta\Bigg](s)\mathrm{d}s$$

$$\leqslant\frac{b^q}{\Gamma(q+1)}M_1K_1l(1+bQ_1)\|\phi_1-\phi_2\|_{B'_v}+M_1\sum_{k=1}^m\alpha_k\|\phi_1-\phi_2\|_{B'_v}$$

$$+\frac{b^qM_1M_2}{\Gamma(q+1)}\left[L_1l+M_1\sum_{k=1}^m\alpha_k+\frac{b^q}{\Gamma(q+1)}L_2l\right]\|\phi_1-\phi_2\|_{B'_v} \tag{2.11}$$

因此，给定$\varepsilon>0$，存在$\delta(\varepsilon)>0$，使得当$\|\phi_1-\phi_2\|_{B'_v}<\delta$时，有$\|\Gamma\phi_1-\Gamma\phi_2\|_{B'_v}<\varepsilon$，这证明了算子$\Gamma$为连续的。

根据上述分析，可以作出以下结论：算子Γ为全连续的，因而引理2.2的条件（ii）得到满足。

第5步：证明算子Θ是压缩的，压缩常数为α。根据假设2.3和假设2.8，我们有

$$\left|(\Theta\phi_1)(t)-(\Theta\phi_2)(t)\right|\leqslant\left|g(t,\phi_{1_t}+\hat{\phi}_t)-g(t,\phi_{2_t}+\hat{\phi}_t)\right|$$

$$+\frac{1}{\Gamma(q)}\int_0^t(t-s)^{q-1}\Big|AT(t-s)g(s,\varphi_{1_s}+\hat{\varphi}_s)$$

$$-AT(t-s)g(s,\varphi_{2_s}+\hat{\varphi}_s)\Big|\mathrm{d}s$$

$$\leqslant\left(L_1+\frac{b^q}{\Gamma(q+1)}L_2\right)l\|\phi_1-\phi_2\|_{B'_v}:=\alpha\|\phi_1-\phi_2\|_{B'_v} \tag{2.12}$$

因而算子Θ是压缩算子，引理2.2的条件（iii）得到满足。

至此，Krasnoselskii不动点定理的所有条件得到满足，从而算子$\Gamma+\Theta$存在不动点，这等价于算子Ω存在不动点，于是系统（2.1）～系统（2.3）在区间J上是可控的，该定理证毕。

2.3 无穷维 Banach 空间上分式阶中立型无穷时滞发展积-微分系统的可控性

2.3.1 系统描述和预备知识

考虑下列无穷维 Banach 空间上带无穷时滞的分式阶脉冲中立型发展积-微分系统：

$$\begin{cases}\dfrac{\mathrm{d}^q}{\mathrm{d}t^q}[x(t)-g(t,x_t)]=A(t)x(t)+\int_0^t B(t,s)x(s)\mathrm{d}s+(Gu)(t) \\ \qquad\qquad +f\left(t,x_t,\int_0^t h(t,s,x_s)\mathrm{d}s\right), \\ t\in J=[0,b],t\neq t_k,k=1,2,\cdots,m\end{cases} \tag{2.13}$$

$$\Delta x|_{t=t_k}=I_k(x(t_k^-)),k=1,2,\cdots,m \tag{2.14}$$

$$x_0=\phi\in B_v \tag{2.15}$$

式中，$0<q<1$，状态 $x(\cdot)$ 属于 Banach 空间 X，赋予范数 $|\cdot|$；控制函数 $u(\cdot)$ 取值于可允许的控制函数所形成的 Banach 空间 $L^2(J,U)$；对 $0\leqslant s\leqslant t\leqslant b$，算子 A（t）和 B（t，s）都是从 Y 到 X 的有界闭线性算子，其中 Y 为 Banach 空间，由独立于 t 的稠密域 D（A（t））所形成，赋予图范数；算子 G 为从 Banach 空间 U 到 X 的有界线性算子；$\Delta x|_{t=t_k}=x(t_k^+)-x(t_k^-),k=1,2,\cdots,m$，$0=t_0<t_1<t_2<\cdots<t_m<t_{m+1}=b$。

令 $x_t(\cdot)$ 表示 $x_t(\theta):=x(t+\theta),\theta\in(-\infty,0]$。函数 g,f,h 将在下面定义。

在 2.3 节中使用的空间 B_v，B_v'，B_v'' 以及 B_r 同 2.2 节。

在给出主要结果之前，先介绍一些有价值的定义和引理。

引理 2.3[9] 假设 $x\in B_v'$，那么对 $t\in J,x_t\in B_v$。

此外，$l|x(t)|\leqslant\|x_t\|_{B_v}\leqslant\|\phi\|_{B_v}+l\sup_{s\in[0,t]}|x(s)|$。

定义 2.5[1,16]　如果$0<\alpha\leqslant 1$，那么$\dfrac{\mathrm{d}^{\alpha}f(t)}{\mathrm{d}t^{\alpha}}=\dfrac{1}{\Gamma(1-\alpha)}\int_0^t\dfrac{f'(s)}{(t-s)^{\alpha}}\mathrm{d}s$，其中$f'(s)=\dfrac{\mathrm{d}f(s)}{\mathrm{d}s}$并且$f$为抽象函数，取值于 Banach 空间$X$。

定义 2.6　如果一族有界线性算子$R(t,s)\in B(X),0\leqslant s\leqslant t\leqslant b$满足下列条件：

（ i ）$R(t,s)$关于t和s为强连续的，$R(t,t)=I,t\in J$；

（ii）对任意$y\in Y$，$R(t,s)y$关于t和s为强连续可微函数，使得$\dfrac{\partial^q}{\partial t^q}R(t,s)y=A(t)R(t,s)y+\int_s^t B(t,r)R(r,s)y\mathrm{d}r$。

则称该族有界线性算子$R(t,s)\in B(X),0\leqslant s\leqslant t\leqslant b$为系统（2.13）～系统（2.15）的豫解算子。

定义 2.7　如果函数$x:(-\infty,b]\to X$的初始函数$x_0=\phi\in B_v$，限制到区间$J_k(k=0,1,\cdots,m)$的函数$x(\cdot)$都是连续的并且下列积分方程成立：对$t\in J$，有

$$\begin{aligned}x(t)=&R(t,0)[\phi(0)-g(0,\phi)]+g(t,x_t)+\sum_{0<t_k<t}R(t,t_k)I_k(x(t_k^-))\\&+\frac{1}{\Gamma(q)}\int_0^t(t-s)^{q-1}R(t,s)\left[A(s)g(s,x_s)+\int_0^s B(s,\tau)g(\tau,x_\tau)\mathrm{d}\tau\right]\mathrm{d}s\\&+\frac{1}{\Gamma(q)}\int_0^t(t-s)^{q-1}R(t,s)\left[(Gu)(s)+f\left(s,x_s,\int_0^s h(s,\tau,x_\tau)\mathrm{d}\tau\right)\right]\mathrm{d}s\end{aligned}\tag{2.16}$$

则称函数$x:(-\infty,b]\to X$为系统（2.13）～系统（2.15）的温和解。

定义 2.8　如果对任意初始函数$x_0=\phi\in B_v$和终态$x_1\in X$，存在控制$u\in L^2(J,U)$，使得系统(2.13)～系统(2.15)的温和解$x(\cdot)$满足$x(b)=x_1$，则称系统（2.13）～系统（2.15）在区间J上为可控的。

作为推导本小节可控性结果的主要工具，引进 Krasnoselskii 不动点定理如下。

引理 2.4（Krasnoselskii[17]）　令M为 Banach 空间（$S,|\cdot|$）的闭凸非空子集。假设算子$\Gamma,\Theta:M\to S$满足下列三个条件：

（ i ）$\Gamma x+\Theta y\in M,\forall x,y\in M$；

（ii）Γ 为连续的，并且集合 ΓM 包含在紧集中；

（iii）Θ 为压缩的，压缩常数 $\alpha<1$。

那么，存在 $y\in M$，使得 $\Gamma y+\Theta y=y$。

2.3.2 Krasnoselskii 不动点定理的应用Ⅱ

为了研究系统（2.13）～系统（2.15）的可控性，我们作出以下假设。

假设 2.9 豫解算子 $R(t,s)$ 为紧的；对正常数 $M_i>0,i=1,2,3$，有 $|R(t,s)|\leqslant M_1,|R(t,s)A(s)|\leqslant M_2,|B(t,s)|\leqslant M_3$。

假设 2.10 线性算子

$$W:L^2(J,U)\to X,u\mapsto Wu:=\frac{1}{\Gamma(q)}\int_0^b(b-s)^{q-1}R(b,s)(Gu)(s)\mathrm{d}s$$

有可逆算子 W^{-1}，取值于 $L^2(J,U)\setminus KerW$，并且存在正常数 M_4，使得 $|GW^{-1}|\leqslant M_4$。

假设 2.11[10] 函数 $I_k\in C(X,X)$，并且存在连续非减函数 $L_k:[0,+\infty)\to(0,+\infty)$，使得 $|I_k(x)|\leqslant L_k(|x|),x\in X$ 和 $\liminf_{\rho\to+\infty}\dfrac{L_k(\rho)}{\rho}=\lambda_k<+\infty,k=1,2,\cdots,m$，其中 $\sum_{k=1}^m\lambda_k:=\lambda$。

假设 2.12 函数 $g:J\times B_v\to X$ 为连续的，并且存在正常数 L_1,L_3，使得

$|g(t_1,\phi_1)-g(t_2,\phi_2)|\leqslant L_1(\|\phi_1-\phi_2\|_{B_v}+|t_1-t_2|),\forall t_1,t_2\in J,\phi_1,\phi_2\in B_v$；

$|g(t,\phi)|\leqslant L_1\|\phi\|_{B_v}+L_3$，其中 $L_3=\sup_{t\in J}|g(t,0)|$。

假设 2.13 函数 $f:J\times B_v\times X\to X;(t,\phi,x)\mapsto f(t,\phi,x)$，对于几乎处处 $t\in J$，相对于 ϕ 和 x 为连续的；对于任意 $(\phi,x)\in B_v\times X$，相对于 t 为可测的。对于任意正数 $r>0$，存在函数 $\alpha_r\in C(J,R_+)$，满足 $\sup_{t\in J}\alpha_r(t)<+\infty$，使得对于几乎处处 $t\in J$，$\sup_{\max\{\|\phi\|_{B_v},|x|\}\leqslant r}|f(t,\phi,x)|\leqslant\alpha_r(t)$ 并且 $\liminf_{r\to+\infty}\dfrac{\sup_{t\in J}\alpha_r(t)}{r}=\delta<+\infty$。

假设 2.14 函数$h:\varDelta\times B_v\to X$为连续的，其中$\varDelta=\{(t,s):0\leqslant s\leqslant t\leqslant b\}$，存在正常数$Q_1,Q_2$，满足

$|h(t_1,s,\phi_1)-h(t_2,s,\phi_2)|\leqslant Q_1(\|\phi_1-\phi_2\|_{B_v}+|t_1-t_2|)$；

$Q_2=\sup_{(t,s)\in\varDelta}|h(t,s,0)|$。

假设 2.15

$$\left(1+\frac{b^qM_1M_4}{\Gamma(q+1)}\right)\left(\left(1+\frac{b^qM_2}{\Gamma(q+1)}+\frac{b^{q+1}M_1M_3}{\Gamma(q+1)}\right)L_1l+\frac{b^qM_1}{\Gamma(q+1)}\delta c'+M_1\lambda\right)\leqslant1$$

式中，$c':=\max\{l,bQ_1l\}$。

假设 2.16 $\alpha:=\left(1+\dfrac{b^qM_2}{\Gamma(q+1)}+\dfrac{b^{q+1}M_1M_3}{\Gamma(q+1)}\right)L_1l<1$。

由上述假设，可以得到本节的如下主要结果。

定理 2.2 如果系统（2.13）～系统（2.15）满足假设 2.9～假设 2.16，那么该系统在区间J上是可控的。

证明 鉴于假设 2.10，对于任意系统状态函数$x(\cdot)$，定义控制函数如下：

$$\begin{aligned}u(t)=W^{-1}\Big[&x_1-R(b,0)[\phi(0)-g(0,\phi)]-g(b,x_b)\\&-\frac{1}{\Gamma(q)}\int_0^b(b-s)^{q-1}R(b,s)\left[A(s)g(s,x_s)+\int_0^sB(s,\tau)g(\tau,x_\tau)\mathrm{d}\tau\right]\mathrm{d}s\\&-\frac{1}{\Gamma(q)}\int_0^b(b-s)^{q-1}R(b,s)f\left(s,x_s,\int_0^sh(s,\tau,x_\tau)\mathrm{d}\tau\right)\mathrm{d}s\\&-\sum_{k=1}^mR(b,t_k)I_k(x(t_k^-))\Big](t)\end{aligned}\tag{2.17}$$

定义算子$\varOmega:B_v'\to B_v'$：

$(\varOmega x)(t)=\phi(t),t\in(-\infty,0]$；

$$\begin{aligned}(\varOmega x)(t)=&R(t,0)[\phi(0)-g(0,\phi)]+g(t,x_t)\\&+\frac{1}{\Gamma(q)}\int_0^t(t-s)^{q-1}R(t,s)\left[A(s)g(s,x_s)+\int_0^sB(s,\tau)g(\tau,x_\tau)\mathrm{d}\tau\right]\mathrm{d}s\end{aligned}$$

$$+\frac{1}{\Gamma(q)}\int_0^t (t-s)^{q-1}R(t,s)\left[(Gu)(s)+f\left(s,x_s,\int_0^s h(s,\tau,x_\tau)\mathrm{d}\tau\right)\right]\mathrm{d}s$$
$$+\sum_{0<t_k<t}R(t,t_k)I_k(x(t_k^-)),t\in J$$

下面只要证明当使用控制（2.17）时，算子Ω存在不动点$x(\cdot)$，就可以证明该定理了。因为该不动点就是系统（2.13）～系统（2.15）的温和解并且$x(b)=(\Omega x)(b)=x_1$，于是我们可以得出结论：系统（2.13）～系统（2.15）为可控的。

令$x(t)=y(t)+\hat{\phi}(t),t\in(-\infty,b]$，其中$\hat{\phi}(t)=\begin{cases}\phi(t),t\in(-\infty,0]\\ R(t,0)\phi(0),t\in J\end{cases}$。

定义算子$\Gamma:B_v''\to B_v''$和$\Theta:B_v''\to B_v''$如下：

$$(\Gamma y)(t)=\begin{cases}0,t\in(-\infty,0]\\ \dfrac{1}{\Gamma(q)}\displaystyle\int_0^t (t-s)^{q-1}R(t,s)f\left(s,y_s+\hat{\varphi}_s,\int_0^s h(s,\tau,y_\tau+\hat{\varphi}_\tau)\mathrm{d}\tau\right)\mathrm{d}s\\ +\displaystyle\sum_{0<t_k<t}R(t,t_k)I_k(y(t_k^-)+\hat{\varphi}(t_k^-))\\ +\dfrac{1}{\Gamma(q)}\displaystyle\int_0^t (t-s)^{q-1}R(t,s)GW^{-1}\Big[x_1-R(b,0)[\varphi(0)-g(0,\varphi)]\\ -g(b,y_b+\hat{\varphi}_b)-\displaystyle\sum_{k=1}^m R(b,t_k)I_k(y(t_k^-)+\hat{\varphi}(t_k^-))\\ -\dfrac{1}{\Gamma(q)}\displaystyle\int_0^b (b-s)^{q-1}R(b,s)\Big[A(s)g(s,y_s+\hat{\varphi}_s)\\ +\displaystyle\int_0^s B(s,\tau)g(\tau,y_\tau+\hat{\varphi}_\tau)\mathrm{d}\tau\\ +f\left(s,y_s+\hat{\varphi}_s,\displaystyle\int_0^s h(s,\tau,y_\tau+\hat{\varphi}_\tau)\mathrm{d}\tau\right)\Big]\mathrm{d}s\Big](s)\mathrm{d}s,\\ t\in J\end{cases}$$

$$
(\Theta y)(t)=\begin{cases}0,t\in(-\infty,0]\\ -R(t,0)g(0,\varphi)+g(t,y_t+\hat{\varphi}_t)\\ +\dfrac{1}{\Gamma(q)}\int_0^t(t-s)^{q-1}R(t,s)\Big[A(s)g(s,y_s+\hat{\varphi}_s)+\int_0^s B(s,\tau)g(\tau,y_\tau\\ +\hat{\varphi}_\tau)\mathrm{d}\tau\Big]\mathrm{d}s,\\ t\in J\end{cases}
$$

很明显，算子Ω存在不动点当且仅当算子$\Gamma+\Theta$存在不动点。为了证明算子$\Gamma+\Theta$存在不动点，我们将利用 Krasnoselskii 不动点定理，分如下几步予以证明。

第 1 步：证明$(\Gamma+\Theta)B_r\subset B_r$。根据反证法，假设对任意正数$r>0$，存在$\phi_1,\phi_2\in B_r$，使得对某$t\in J$，$\left|(\Gamma\phi_1)(t)+(\Theta\phi_2)(t)\right|>r$。根据假设 2.9～假设 2.14 和引理 2.3，容易得到

$$
\begin{aligned}
r&<\left|(\Gamma\phi_1)(t)+(\Theta\phi_2)(t)\right|\\
&\leqslant\frac{M_1b^q}{\Gamma(q+1)}\sup_{t\in J}\alpha_c(t)+M_1\sum_{k=1}^m L_k(l^{-1}r')+\frac{b^qM_1M_4}{\Gamma(q+1)}\Big[|x_1|+M_1|\phi(0)|\\
&\quad+M_1(L_1\|\phi\|_{B_v}+L_3)+\left(1+\frac{b^qM_2}{\Gamma(q+1)}+\frac{b^{q+1}M_1M_3}{\Gamma(q+1)}\right)(L_1r'+L_3)\\
&\quad+\frac{M_1b^q}{\Gamma(q+1)}\sup_{t\in J}\alpha_c(t)+M_1\sum_{k=1}^m L_k(l^{-1}r')\Big]+M_1(L_1\|\phi\|_{B_v}+L_3)\\
&\quad+\left(1+\frac{b^qM_2}{\Gamma(q+1)}+\frac{b^{q+1}M_1M_3}{\Gamma(q+1)}\right)(L_1r'+L_3)\\
&=\tilde{L}+\frac{M_1b^q}{\Gamma(q+1)}\sup_{t\in J}\alpha_c(t)+M_1\sum_{k=1}^m L_k(l^{-1}r')\\
&\quad+\frac{b^qM_1M_4}{\Gamma(q+1)}\Big[\left(1+\frac{b^qM_2}{\Gamma(q+1)}+\frac{b^{q+1}M_1M_3}{\Gamma(q+1)}\right)L_1r'+\frac{M_1b^q}{\Gamma(q+1)}\sup_{t\in J}\alpha_c(t)\\
&\quad+M_1\sum_{k=1}^m L_k(l^{-1}r')\Big]+\left(1+\frac{b^qM_2}{\Gamma(q+1)}+\frac{b^{q+1}M_1M_3}{\Gamma(q+1)}\right)L_1r' \qquad (2.18)
\end{aligned}
$$

式中，$r' := \|\phi\|_{B_v} + l(r + M_1|\phi(0)|)$，$c := \max\{r', b(Q_1 r' + Q_2)\}$，$\tilde{L}$ 独立于 r。

根据假设 2.13，容易得到

$$\liminf_{r\to+\infty}\frac{r'}{r}=l;\quad \liminf_{r\to+\infty}\frac{\sup_{t\in J}\alpha_c(t)}{r}=\liminf_{r\to+\infty}\left(\frac{\sup_{t\in J}\alpha_c(t)}{c}\cdot\frac{c}{r}\right)=\delta c'$$

另一方面，根据文献[10]，有

$$\liminf_{r\to+\infty}\frac{\sum_{k=1}^{m}L_k(l^{-1}r')}{r}=\liminf_{r\to+\infty}\left(\frac{\sum_{k=1}^{m}L_k(l^{-1}r')}{l^{-1}r'}\cdot\frac{l^{-1}r'}{r}\right)=\sum_{k=1}^{m}\lambda_k=\lambda$$

用 r 除式（2.18）的两侧，并利用上面的两个等式，我们有

$$\left(1+\frac{b^q M_1 M_4}{\Gamma(q+1)}\right)\left(\left(1+\frac{b^q M_2}{\Gamma(q+1)}+\frac{b^{q+1}M_1 M_3}{\Gamma(q+1)}\right)L_1 l+\frac{b^q M_1}{\Gamma(q+1)}\delta c'+M_1\lambda\right)>1 \quad (2.19)$$

这与假设 2.15 相矛盾，因此引理 2.4 中的条件（ i ）得到满足。

第 2 步：证明算子 Γ 将集合 B_r 映射为等度连续函数的集合。对 $y\in B_r, \theta_1,\theta_2\in J$ 和 $0<\theta_1<\theta_2\leqslant b$，根据假设 2.9～假设 2.14 和引理 2.3，我们有

$$\begin{aligned}
&|(\Gamma y)(\theta_1)-(\Gamma y)(\theta_2)|\\
\leqslant&\frac{1}{\Gamma(q)}\int_0^{\theta_1}\Big((\theta_1-s)^{q-1}|R(\theta_1,s)-R(\theta_2,s)|\\
&+|(\theta_1-s)^{q-1}-(\theta_2-s)^{q-1}||R(\theta_2,s)|\Big)\mathrm{d}s\cdot\sup_{t\in J}\alpha_c(t)\\
&+\frac{M_1}{\Gamma(q+1)}\cdot\sup_{t\in J}\alpha_c(t)\cdot(\theta_2-\theta_1)^q\\
&+\sum_{0<t_k<\theta_1}|R(\theta_1,t_k)-R(\theta_2,t_k)|L_k(l^{-1}r')+M_1\sum_{\theta_1\leqslant t_k<\theta_2}L_k(l^{-1}r')\\
&+\frac{1}{\Gamma(q)}\int_0^{\theta_1}\Big((\theta_1-s)^{q-1}|R(\theta_1,s)-R(\theta_2,s)|\\
&+|(\theta_1-s)^{q-1}-(\theta_2-s)^{q-1}||R(\theta_2,s)|\Big)M_4\Big[\ |x_1|+M_1|\phi(0)|
\end{aligned}$$

$$+M_1(L_1\|\phi\|_{B_v}+L_3)+\left(1+\frac{b^qM_2}{\Gamma(q+1)}+\frac{b^{q+1}M_1M_3}{\Gamma(q+1)}\right)(L_1r'+L_3)$$
$$+\frac{M_1b^q}{\Gamma(q+1)}\sup_{t\in J}\alpha_c(t)+M_1\sum_{k=1}^{m}L_k(l^{-1}r')\Bigg](s)\mathrm{d}s$$
$$+\frac{M_1M_4}{\Gamma(q+1)}\Bigg[|x_1|+M_1|\phi(0)|+M_1(L_1\|\phi\|_{B_v}+L_3)$$
$$+\left(1+\frac{b^qM_2}{\Gamma(q+1)}+\frac{b^{q+1}M_1M_3}{\Gamma(q+1)}\right)(L_1r'+L_3)+\frac{M_1b^q}{\Gamma(q+1)}\sup_{t\in J}\alpha_c(t)$$
$$+M_1\sum_{k=1}^{m}L_k(l^{-1}r')\Bigg](\theta_2-\theta_1)^q \tag{2.20}$$

由于算子 R（t，s），对 $t,s>0$，为紧的，这意味着该算子按一致算子拓扑连续的，所以式（2.20）的右侧当 $\theta_2-\theta_1\to 0$ 时趋于 0。因此，集合 $\Gamma(B_r)$ 中函数为等度连续的。由于 $\theta_1<\theta_2<0$ 或者 $\theta_1<0<\theta_2$ 这两种情况比较简单，所以对这两种情况的等度连续性就不予证明了。

第 3 步：证明集合 $\Gamma(B_r)$ 为相对紧的。令 $0<t\leqslant b$ 固定以及 ε 为满足 $0<\varepsilon<t$ 的实数，定义算子 $\Gamma_\varepsilon:B_v''\to B_v''$ 如下：

$$(\Gamma_\varepsilon y)(t)=\frac{1}{\Gamma(q)}\int_0^{t-\varepsilon}(t-s)^{q-1}R(t,s)f\left(s,y_s+\hat{\varphi}_s,\int_0^s h(s,\tau,y_\tau\right.$$
$$\left.+\hat{\varphi}_\tau)\mathrm{d}\tau\right)\mathrm{d}s+\sum_{0<t_k<t}R(t,t_k)I_k(y(t_k^-)+\hat{\varphi}(t_k^-))$$
$$+\frac{1}{\Gamma(q)}\int_0^{t-\varepsilon}(t-s)^{q-1}R(t,s)GW^{-1}\Bigg[x_1-R(b,0)[\varphi(0)$$
$$-g(0,\varphi)]-g(b,y_b+\hat{\varphi}_b)-\sum_{k=1}^{m}R(b,t_k)I_k(y(t_k^-)+\hat{\varphi}(t_k^-))$$
$$-\frac{1}{\Gamma(q)}\int_0^b(b-s)^{q-1}R(b,s)\big(A(s)g(s,y_s+\hat{\varphi}_s)$$
$$+\int_0^s B(s,\tau)g(\tau,y_\tau+\hat{\varphi}_\tau)\mathrm{d}\tau$$
$$+f\left(s,y_s+\hat{\varphi}_s,\int_0^s h(s,\tau,y_\tau+\hat{\varphi}_\tau)\mathrm{d}\tau\right)\Big)\mathrm{d}s\Bigg](s)\mathrm{d}s \tag{2.21}$$

由于 R（t，s）为紧算子，所以集合 $Y_\varepsilon(t)=\{(\varGamma_\varepsilon y)(t): y\in B_r\}$，对于任意 ε（$0<\varepsilon<t$），为 Banach 空间 X 中的相对紧集。

此外，对于任意 $y\in B_v''$，我们有

$$
\begin{aligned}
&\left|(\varGamma y)(t)-(\varGamma_\varepsilon y)(t)\right| \\
\leqslant &\frac{1}{\varGamma(q)}\int_{t-\varepsilon}^{t}\left|(t-s)^{q-1}R(t,s)f\left(s,y_s+\hat{\varphi}_s,\int_0^s h(s,\tau,y_\tau+\hat{\varphi}_\tau)\mathrm{d}\tau\right)\right|\mathrm{d}s \\
&+\frac{1}{\varGamma(q)}\int_{t-\varepsilon}^{t}\left|(t-s)^{q-1}R(t,s)GW^{-1}\left[x_1-R(b,0)[\phi(0)-g(0,\phi)]\right.\right. \\
&-g(b,y_b+\hat{\phi}_b)-\sum_{k=1}^{m}R(b,t_k)I_k(y(t_k^-)+\hat{\phi}(t_k^-)) \\
&-\frac{1}{\varGamma(q)}\int_0^b(b-s)^{q-1}R(b,s)\left(A(s)g(s,y_s+\hat{\varphi}_s)\right. \\
&+\int_0^s B(s,\tau)g(\tau,y_\tau+\hat{\varphi}_\tau)\mathrm{d}\tau \\
&\left.\left.\left.+f\left(s,y_s+\hat{\varphi}_s,\int_0^s h(s,\tau,y_\tau+\hat{\varphi}_\tau)\mathrm{d}\tau\right)\right)\mathrm{d}s\right](s)\right|\mathrm{d}s
\end{aligned}
\tag{2.22}
$$

因而当 $\varepsilon\to 0_+$ 时，$\left|(\varGamma y)(t)-(\varGamma_\varepsilon y)(t)\right|\to 0$，这意味着存在相对紧集，任意接近于集合 $\varGamma(B_r)$。因此，集合 $\varGamma(B_r)$ 在 Banach 空间 X 中为相对紧的。

容易看出集合 $\varGamma(B_r)$ 中函数为一致有界的。根据 Arzela-Ascoli 定理，由于集合 $\varGamma(B_r)$ 的相对紧性以及集合 $\varGamma(B_r)$ 中函数的一致有界性和等度连续性，集合闭包 $\overline{\varGamma(B_r)}$ 是紧的。

第 4 步：证明算子 $\varGamma$ 为连续的。设 $\left\{y^{(n)}(t)\right\}_0^\infty\subseteq B_v''$，在 B_v'' 中 $y^{(n)}\to y$。那么，存在正数 $r>0$，使得对于所有 n 和几乎处处 $t\in J$，$\left|y^{(n)}(t)\right|\leqslant r$。所以，$y^{(n)}\in B_r$ 和 $y\in B_r$。根据假设 2.12～假设 2.14，对于几乎处处 $(s,t)\in\varDelta$，我们有

（i）$f\left(s,y_s^{(n)}+\hat{\varphi}_s,\int_0^s h(s,\tau,y_\tau^{(n)}+\hat{\varphi}_\tau)\mathrm{d}\tau\right)\to f\left(s,y_s+\hat{\varphi}_s,\int_0^s h(s,\tau,y_\tau\right.$

$+\hat{\varphi}_\tau)\mathrm{d}\tau\Big)$，并且由于$\Big|(t-s)^{q-1}\Big(f\Big(s,y_s^{(n)}+\hat{\varphi}_s,\int_0^s h(s,\tau,y_\tau^{(n)}+\hat{\varphi}_\tau)\mathrm{d}\tau\Big)-f\Big(s,y_s+\hat{\varphi}_s,\int_0^s h(s,\tau,y_\tau+\hat{\varphi}_\tau)\mathrm{d}\tau\Big)\Big)\Big|\leqslant(t-s)^{q-1}\cdot 2\alpha_c(s)$；

（ii）$g(t,y_t^{(n)}+\hat{\phi}_t)\to g(t,y_t+\hat{\phi}_t)$ 并且由于$\big|g(t,y_t^{(n)}+\hat{\phi}_t)-g(t,y_t+\hat{\phi}_t)\big|\leqslant 2(L_1 r'+L_3)$；

（iii）$h(s,\tau,y_\tau^{(n)}+\hat{\phi}_\tau)\to h(s,\tau,y_\tau+\hat{\phi}_\tau)$ 并且由于$\big|h(s,\tau,y_\tau^{(n)}+\hat{\phi}_\tau)-h(s,\tau,y_\tau+\hat{\phi}_\tau)\big|\leqslant 2(Q_1 r'+Q_2)$。

其中函数 $(t-s)^{q-1}\cdot 2\alpha_c(s)$ 是可积的，因为 $\int_0^t(t-s)^{q-1}\cdot 2\alpha_c(s)\mathrm{d}s\leqslant\frac{b^q}{q}\cdot 2\sup_{t\in J}\alpha_c(t)<+\infty$

根据函数$I_k(k=1,2,\cdots,m)$的连续性和 Lebesgue 控制收敛定理，当$n\to\infty$时，有

$$
\begin{aligned}
&\big|(\Gamma y^{(n)})(t)-(\Gamma y)(t)\big|\\
\leqslant&\frac{M_1}{\Gamma(q)}\int_0^t(t-s)^{q-1}\Big|f\Big(s,y_s^{(n)}+\hat{\varphi}_s,\int_0^s h(s,\tau,y_\tau^{(n)}+\hat{\varphi}_\tau)\mathrm{d}\tau\Big)\\
&-f\Big(s,y_s+\hat{\varphi}_s,\int_0^s h(s,\tau,y_\tau+\hat{\varphi}_\tau)\mathrm{d}\tau\Big)\Big|\mathrm{d}s+M_1\sum_{0<t_k<t}\Big|I_k(y^{(n)}(t_k^-)+\hat{\phi}(t_k^-))\\
&-I_k(y(t_k^-)+\hat{\phi}(t_k^-))\Big|+\frac{M_1M_4}{\Gamma(q)}\int_0^t(t-s)^{q-1}\Big[\big|g(b,y_b^{(n)}+\hat{\phi}_b)-g(b,y_b+\hat{\phi}_b)\big|\\
&+\frac{M_2}{\Gamma(q)}\int_0^b(b-s)^{q-1}\big|g(s,y_s^{(n)}+\hat{\varphi}_s)-g(s,y_s+\hat{\varphi}_s)\big|\mathrm{d}s\\
&+\frac{M_1M_3}{\Gamma(q)}\int_0^b(b-s)^{q-1}\int_0^b\big|g(\tau,y_\tau^{(n)}+\hat{\varphi}_\tau)-g(\tau,y_\tau+\hat{\varphi}_\tau)\big|\mathrm{d}\tau\mathrm{d}s\\
&+\frac{M_1}{\Gamma(q)}\int_0^b(b-s)^{q-1}\Big|f\Big(s,y_s^{(n)}+\hat{\varphi}_s,\int_0^s h(s,\tau,y_\tau^{(n)}+\hat{\varphi}_\tau)\mathrm{d}\tau\Big)\\
&-f\Big(s,y_s+\hat{\varphi}_s,\int_0^s h(s,\tau,y_\tau+\hat{\varphi}_\tau)\mathrm{d}\tau\Big)\Big|\mathrm{d}s+M_1\sum_{k=1}^m\Big|I_k(y^{(n)}(t_k^-)+\hat{\varphi}(t_k^-))\\
&-I_k(y(t_k^-)+\hat{\varphi}(t_k^-))\Big|\Big](s)\mathrm{d}s\to 0
\end{aligned}
\tag{2.23}
$$

这证明了算子$\varGamma$为连续的。

根据上述分析，我们可以作出结论：算子$\varGamma$为全连续的，于是引理 2.4 的条件（ii）得到满足。

第 5 步：证明算子$\varTheta$是压缩的，压缩常数为α。根据假设 2.12 和假设 2.16，我们有

$$
\begin{aligned}
&\left|(\varTheta\phi_1)(t)-(\varTheta\phi_2)(t)\right| \\
\leqslant &\left|g(t,\phi_{1_t}+\hat{\phi}_t)-g(t,\phi_{2_t}+\hat{\phi}_t)\right| \\
&+\frac{1}{\varGamma(q)}\int_0^t(t-s)^{q-1}\left|R(t,s)A(s)\right|\left|g(s,\varphi_{1_s}+\hat{\varphi}_s)-g(s,\varphi_{2_s}+\hat{\varphi}_s)\right|\mathrm{d}s \\
&+\frac{1}{\varGamma(q)}\int_0^t(t-s)^{q-1}\left|R(t,s)\right|\int_0^s\left|B(s,\tau)\right|\left|g(\tau,\varphi_{1_\tau}+\hat{\varphi}_\tau)-g(\tau,\varphi_{2_\tau}+\hat{\varphi}_\tau)\right|\mathrm{d}\tau\mathrm{d}s \\
\leqslant &\left(1+\frac{b^qM_2}{\varGamma(q+1)}+\frac{b^{q+1}M_1M_3}{\varGamma(q+1)}\right)L_1l\left\|\phi_1-\phi_2\right\|_{B_v'}:=\alpha\left\|\phi_1-\phi_2\right\|_{B_v'}
\end{aligned}
\tag{2.24}
$$

因而算子$\varTheta$是压缩算子，引理 2.4 的条件（iii）得到满足。

至此，Krasnoselskii 不动点定理的所有条件得到满足，从而算子$\varGamma+\varTheta$存在不动点，这等价于算子$\varOmega$存在不动点，于是系统（2.13）～系统（2.15）在区间J上是可控的，该定理证毕。

参考文献

[1] Balachandran K，Park J Y. Controllability of fractional integro-differential systems in Banach spaces. Nonlinear Analysis：Hybrid Systems，2009，3（4）：363-367.

[2] Balachandran K. Controllability of second-order integrodifferential evolution systems in Banach spaces. Computers and Mathematics with Applications，2005，49（11-12）：1623-1642.

[3] Balachandran K，Leelamani A，Kim J H. Controllability of neutral functional evolution integrodifferential systems with infinite delay. IMA Journal of Mathematical Control and Information，2008，25（2）：157-171.

[4] Balachandran K，Anandhi E R. Controllability of neutral functional integro-

differential infinite delay systems in Banach spaces. Taiwanese Journal of Mathematics，2004，8（4）：689-702.

[5] Sakthivel R. Controllability of nonlinear neutral evolution integro-differential systems. Journal of Mathematical Analysis and Application，2002，275（1）：402-417.

[6] Sakthivel R. Controllability result for nonlinear evolution integro-differential systems. Applied Mathematics Letters，2004，17（9）：1015-1023.

[7] Sakthivel R. Existence and controllability result for semilinear evolution integro-differential systems. Mathematical and Computer Modelling，2005，41（8-9）：1005-1011.

[8] Li M，Wang M，Zhang F. Controllability of impulsive functional differential systems in Banach spaces. Chaos，Solitons and Fractals，2006，29（1）：175-181.

[9] Chang Y K. Controllability of impulsive functional differential systems with infinite delay in Banach spaces. Chaos，Solitons and Fractals，2007，33（5）：1601-1609.

[10] Park J Y. Controllability of impulsive neutral integro-differential systems with infinite delay in Banach spaces. Nonlinear Analysis：Hybrid Systems，2009，3（3）：184-194.

[11] Hale J，Lunel S M V. Introduction to Functional Differential Equations. New York：Springer-Verlag，1993.

[12] Kolmanovskii V B. Applied Theory of Functional Differential Equations. Boston：Kluwer Academic Publishers，1992.

[13] Chang Y K. Controllability of impulsive functional differential systems with infinite delay in Banach spaces. Chaos，Solitons and Fractals，2007，33（5）：1601-1609.

[14] Wang L，Wang Z. Controllability of abstract neutral functional differential systems with infinite delay. Dynamic Continuous and Discrete Impulsive System Series B Applied Algorithms，2002，9（1）：59-70.

[15] Fu X. Controllability of neutral functional differential systems in abstract space. Applied Mathematics and Computation，2003，141（2-3）：281-296.

[16] Miller K S，Ross B. An Introduction to the Fractional Calculus and Fractional differential Equations. New York：Wiley，1993.

[17] Smart D R. Fixed Point Theorems. Cambridge：Cambridge University Press，1980.
[18] Tai Z X，Wang X C. Controllability of fractional-order impulsive neutral functional infinite delay integro-differential systems in Banach spaces. Applied Mathematics Letters，2009，22（11）：1760-1765.
[19] Tai Z X. Controllability of fractional impulsive neutral integro-differential systems with nonlocal Cauchy condition in Banach spaces. Applied Mathematics Letters，2011，24（12）：2158-2161.
[20] Tai Z X，Lun S X. On controllability of fractional impulsive neutral infinite delay evolution integro-differential systems in Banach spaces. Applied Mathematics Letters，2012，25（2）：104-110.

第3章　无穷维Banach空间上积-微分多值方程（包含）的可控性研究：多值不动点定理方法

3.1　引　　言

许多学者[1-4]已经广泛研究了无穷维 Banach 空间上泛函微分和积-微分包含的可控性问题。Benchohra[1]和 Chang[2]讨论了抽象空间中泛函积-微分包含的可控性。由于在许多发展过程中状态的变化是以突变的现象出现的，Liu[3]和 Chang[4]分别利用 Martelli 和 Dhage 不动点定理考虑了脉冲中立型泛函微分包含的可控性。另外，Hernandez 和 Li 等 [5-9]广泛地研究了无穷维 Banach 空间上带状态依赖时滞的微分方程和包含的温和解存在性，他们利用了由 Hale 和 Kato[10]引进的相空间 B 的公理性定义。但这些公理对于脉冲情形是不正确的[3]，为了解决这个问题，我们采用加权相空间 B_v，考虑了以往文献尚未解决的无穷维 Banach 空间上状态依赖时滞系统的可控性。到目前为止，绝大多数可控性结果仅适用于整数阶无穷维方程和包含，但是对 Banach 空间上分式阶无穷维系统可控性的研究并不多见[11]。分式阶无穷维系统可以作为非线性微分系统的替代模型[12]，许多偏分式阶微分和积-微分方程和包含可以转化为无穷维 Banach 空间上的分式阶包含[11,13]，因此有必要讨论无穷维 Banach 空间上的分式阶泛函和发展包含的可控性问题。

在本章中，利用分式阶微积分学、豫解算子、Dhage 多值不动点定理以及 Leray-Schauder 多值不动点定理，分别研究了无穷维 Banach 空间上带无穷时滞、带状态依赖时滞的分式阶脉冲中立型泛函和发展积-微分包含的可控性。

3.2 无穷维 Banach 空间上分式阶中立型无穷时滞泛函积-微分包含的可控性

3.2.1 系统描述和预备知识

考虑下列无穷维 Banach 空间上分式阶脉冲中立型无穷时滞泛函积-微分包含：

$$\begin{cases}\dfrac{\mathrm{d}^q}{\mathrm{d}t^q}[x(t)-g(t,x_t)]\in(Ax)(t)+(Bu)(t)+F\left(t,x_t,\int_0^t h(t,s,x_s)\mathrm{d}s\right),\\ t\in J=[0,b],t\neq t_k,k=1,2,\cdots,m\end{cases}\tag{3.1}$$

$$\Delta x|_{t=t_k}=I_k(x(t_k^-)),k=1,2,\cdots,m\tag{3.2}$$

$$x_0=\phi\in B_v\tag{3.3}$$

式中，$0<q<1$，状态 $x(\cdot)$ 属于 Banach 空间 X，该空间赋有范数 $|\cdot|$；控制函数 $u(\cdot)$ 取值于可允许的控制函数所形成的 Banach 空间 $L^2(J,U)$；算子 A 为 Banach 空间 X 上强连续半群 $T(t)$ 的无穷小生成算子；算子 B 为 Banach 空间 U 到 X 的有界线性算子；$\Delta x|_{t=t_k}=x(t_k^+)-x(t_k^-),k=1,2,\cdots,m$，$0=t_0<t_1<t_2<\cdots<t_m<t_{m+1}=b$。

令 $x_t(\cdot)$ 表示 $x_t(\theta):=x(t+\theta),\theta\in(-\infty,0]$。函数 g,F,h 将在下面定义。

在 3.2 节中使用的空间 B_v，B_v'，B_v'' 以及 B_r 同 2.2 节。

令 P 表示 Banach 空间 X 的任意非空子集类，$P_{cp,cv}(X)$ 和 $P_{bd,cl,cv}(X)$ 分别表示 Banach 空间 X 的任意非空紧凸和有界闭凸子集类。

在给出主要结果之前，先介绍一些有价值的定义和引理。

引理 3.1[14] 假设 $x\in B_v'$，那么对 $t\in J,x_t\in B_v$。

此外，$l|x(t)|\leqslant\|x_t\|_{B_v}\leqslant\|\phi\|_{B_v}+l\sup_{s\in[0,t]}|x(s)|$。

定义 3.1[15] 多值算子 $\Gamma:X\to P(X)$ 为凸（闭）值，如果对于任意 $x\in X$，集合 $\Gamma(x)$ 为凸（闭）的。算子 Γ 为有界的，如果对于 X 上的任意有界子集 V，集合 $\Gamma(V):=\bigcup_{x\in V}\Gamma(x)$ 为有界的。算子 Γ 为全连续的，如果对于 X 上的任意有界子集 V，集合闭包 $\overline{\Gamma(V)}$ 为紧的。如果对于某点

$x_0 \in X$，有 $x_0 \in \Gamma(x_0)$，则称该点 x_0 为多值算子 Γ 的不动点。

引理 3.2（Lasota 和 Opial[16]） 假设 I 为紧实区间，X 为 Banach 空间，F 为满足下面假设 3.5 的多值算子以及 Θ 为从 $L^1(I,X)$ 到 $C(I,X)$ 的线性连续算子。那么，算子 $\Theta \circ S_F : C(I,X) \to P_{cp,cv}(C(I,X))$ 为 $C(I,X)\times C(I,X)$ 上的闭图算子。

定义 3.2[11,17] 如果 $0<\alpha \leqslant 1$，那么 $\dfrac{\mathrm{d}^\alpha f(t)}{\mathrm{d}t^\alpha} = \dfrac{1}{\Gamma(1-\alpha)}\displaystyle\int_0^t \frac{f'(s)}{(t-s)^\alpha}\mathrm{d}s$，其中 $f'(s) = \dfrac{\mathrm{d}f(s)}{\mathrm{d}s}$ 并且 f 为抽象函数，取值于 Banach 空间 X。

定义 3.3 如果函数 $x:(-\infty,b] \to X$ 的初始函数 $x_0 = \phi \in B_v$，限制到区间 $J_k(k=0,1,\cdots,m)$ 的函数 $x(\cdot)$ 都是连续的并且下列积分方程成立：对 $t \in J$，有

$$\begin{aligned} x(t) &= T(t)[\phi(0) - g(0,\phi)] + g(t,x_t) \\ &\quad + \frac{1}{\Gamma(q)}\int_0^t (t-s)^{q-1} T(t-s)\left[Ag(s,x_s) + (Bu)(s) + f(s)\right]\mathrm{d}s \\ &\quad + \sum_{0<t_k<t} T(t-t_k) I_k(x(t_k^-)) \end{aligned} \tag{3.4}$$

式中，$f \in S_{F,x} := \left\{ f \in L^1(J,X) : f(t) \in F\left(t, x_t, \int_0^t h(t,s,x_s)\mathrm{d}s\right)\right.$，对于几乎处处 $\left. t \in J \right\}$，则称函数 $x:(-\infty,b] \to X$ 为系统（3.1）～系统（3.3）的温和解。

定义 3.4 如果对任意初始函数 $x_0 = \phi \in B_v$，存在控制 $u \in L^2(J,U)$，使得系统（3.1）～系统（3.3）的温和解 $x(\cdot)$ 满足 $x(b) = x_1$，其中 x_1 和 b 分别是预先指定的终态和终止时间，则称系统（3.1）～系统（3.3）在区间 J 上为可控的。

引理 3.3[3] 如果多值算子 Γ 为全连续的，并且具有非空紧值，那么算子 Γ 为上半连续的当且仅当算子 Γ 有闭图（即 $x_n \to x_*, y_n \to y_*$，$y_n \in \Gamma(x_n)$ 意味着 $y_* \in \Gamma(x_*)$）。

作为推导本小节可控性结果的主要工具，引进下列不动点定理如下。

引理 3.4（Leray-Schauder 不动点定理[18]） 令 X 为 Banach 空间，C 为 X 的闭凸子集，U 为 C 的开子集和 $0 \in U$。假设 $F:\bar{U} \to P_{cp,cv}(C)$ 为

上半连续的紧算子。那么，算子 F 只能满足下列两个条件之一：

（ i ）算子 F 在 $\bar{U}$ 中存在不动点；

（ ii ）存在 $u\in\partial U$ 和 $\lambda\in(0,1)$，使得 $u\in\lambda F(u)$。

其中条件（ ii ）称为边界条件。

3.2.2 Leray-Schauder 多值不动点定理的应用

为了研究系统（3.1）～系统（3.3）的可控性，我们作出以下假设。

假设 3.1 由算子 A 生成的 Banach 空间 X 上强连续半群 $T(t)$ 是紧的，并且算子 $T(t)$ 满足对某 $M_1>0, M_2>0$，当 $t\geqslant 0$ 时，$|T(t)|\leqslant M_1$ 和 $|AT(t)|\leqslant M_2$。

假设 3.2 线性算子

$$W:L^2(J,U)\to X, u\mapsto Wu:=\frac{1}{\Gamma(q)}\int_0^b(b-s)^{q-1}T(b-s)(Bu)(s)\mathrm{d}s$$

有可逆算子 W^{-1}，取值于 $L^2(J,U)\setminus KerW$，并且存在正常数 M_3，使得 $|BW^{-1}|\leqslant M_3$。

假设 3.3[19] 函数 $I_k\in C(X,X)$，并且存在连续非减函数 $L_k:[0,+\infty)\to(0,+\infty)$，使得 $|I_k(x)|\leqslant L_k(|x|), x\in X$。

假设 3.4 函数 $g:J\times B_v\to X$ 为连续的，并且存在正常数 L_1, L_2，使得

$|g(t_1,\phi_1)-g(t_2,\phi_2)|\leqslant L_1(\|\phi_1-\phi_2\|_{B_v}+|t_1-t_2|), \forall t_1,t_2\in J, \phi_1,\phi_2\in B_v$；

$|g(t,\phi)|\leqslant L_1\|\phi\|_{B_v}+L_2$，其中 $L_2=\sup_{t\in J}|g(t,0)|$。

假设 3.5 多值算子 $F:J\times B_v\times X\to P_{bd,cl,cv}(X);(t,\phi,x)\mapsto F(t,\phi,x)$，对于几乎处处 $t\in J$，相对于 ϕ 和 x 为上半连续的；对于任意 $(\phi,x)\in B_v\times X$，相对于 t 为可测的。对于任意固定 $(\phi,x)\in B_v\times X$，集合 $S_{F,\phi,x}:=\{f\in L^1(J,X):f(t)\in F(t,\phi,x)$，对于几乎处处 $t\in J\}$ 是非空的。

假设 3.6 （ i ）存在函数 $p\in C(J,R_+)$，满足 $\sup_{t\in J}p(t)<+\infty$ 以及非减函数 $\psi:R_+\to(0,\infty)$，使得对于几乎处处 $t\in J$ 和任意 $\phi\in B_v, x\in X$，

有$\|F(t,\phi,x)\|:=\sup\{|f|:f(t)\in F(t,\phi,x)\}\leqslant p(t)\psi(\|\phi\|_{B_v}+|x|)$；

（ii）对于任意$f\in S_{F,\phi,x}$和正数$r>0$，存在函数$\alpha_r\in C(J,R_+)$，满足$\sup_{t\in J}\alpha_r(t)<+\infty$，使得对于几乎处处$t\in J$，$\sup_{\max\{\|\phi\|_{B_v},|x|\}\leqslant r}|f(t,\phi,x)|\leqslant\alpha_r(t)$，其中在假设3.6（i）中函数$\alpha_r(t)$选取为$p(t)\psi(2r)$。

假设 3.7 函数$h:\varDelta\times B_v\to X$为连续的，其中$\varDelta=\{(t,s):0\leqslant s\leqslant t\leqslant b\}$，存在正常数$Q_1,Q_2$，满足

$|h(t_1,s,\phi_1)-h(t_2,s,\phi_2)|\leqslant Q_1(\|\phi_1-\phi_2\|_{B_v}+|t_1-t_2|)$；

$Q_2=\sup_{(t,s)\in\varDelta}|h(t,s,0)|$。

假设3.8 存在正常数r,使得$\dfrac{r}{\hat{H}(r)+\dfrac{b^qM_1M_3}{\Gamma(q+1)}\left(|x_1|+M_1|\phi(0)|+\hat{H}(r)\right)}>1$，

式中，$\hat{H}(r):=M_1(L_1\|\phi\|_{B_v}+L_2)+L_1(q'+lr)+L_2+\dfrac{b^qM_2}{\Gamma(q+1)}\{L_1(q'+lr)+L_2\}+\dfrac{b^qM_1}{\Gamma(q+1)}\sup_{t\in J}p(t)\psi\big((1+bQ_1)(q'+lr)+bQ_2\big)+M_1\sum_{k=1}^{m}L_k\left(r+l^{-1}q'\right)$，$q':=\|\phi\|_{B_v}+lM_1|\phi(0)|$。

由上述假设3.1～假设3.8，可以得到本节的如下主要结果。

定理 3.1 如果系统（3.1）～系统（3.3）满足假设3.1～假设3.8，那么该系统在区间J上为可控的。

证明 鉴于假设3.2，对于任意系统状态函数$x(\cdot)$，定义控制函数如下：

$$u(t)=W^{-1}\Bigg[x_1-T(b)\Big[\varphi(0)-g(0,\varphi)\Big]-g(b,x_b)-\frac{1}{\Gamma(q)}\int_0^b(b-s)^{q-1}T(b-s)[Ag(s,x_s)+f(s)]\mathrm{d}s-\sum_{k=1}^{m}T(b-t_k)I_k(x(t_k^-))\Bigg](t)\tag{3.5}$$

式中，$f\in S_{F,x}$。

定义多值算子 $\Omega : B_v' \to P(B_v')$ 如下：

对于任意 $x \in B_v'$ 以及 $\rho \in \Omega x$，满足

$$\rho(t)=\begin{cases}\varphi(t), t\in(-\infty,0] \\ T(t)[\varphi(0)-g(0,\varphi)]+g(t,x_t) \\ +\dfrac{1}{\Gamma(q)}\displaystyle\int_0^t (t-s)^{q-1}T(t-s)\left[Ag(s,x_s)+(Bu)(s)+f(s)\right]\mathrm{d}s \\ +\displaystyle\sum_{0<t_k<t} T(t-t_k)I_k(x(t_k^-)), t\in J, f\in S_{F,x}\end{cases}$$

下面只要证明当使用控制（3.5）时，多值算子 Ω 存在不动点 $x(\cdot)$，就可以证明该定理了。因为该不动点就是系统（3.1）～系统（3.3）的温和解并且 $x_1 = x(b) \in (\Omega x)(b)$，于是我们可以得出结论：系统（3.1）～系统（3.3）为可控的。

令 $x(t)=y(t)+\hat{\phi}(t), t\in(-\infty,b]$，其中 $\hat{\phi}(t)=\begin{cases}\phi(t), t\in(-\infty,0] \\ T(t)\phi(0), t\in J\end{cases}$。

定义多值算子 $\Gamma : B_v'' \to P(B_v'')$ 如下：

对于任意 $y \in B_v''$ 以及 $\bar{\rho} \in \Gamma y$，满足

$$\bar{\rho}(t)=\begin{cases}0, t\in(-\infty,0] \\ -T(t)g(0,\varphi)+g(t,y_t+\hat{\varphi}_t)+\dfrac{1}{\Gamma(q)}\displaystyle\int_0^t (t-s)^{q-1}AT(t-s)g(s,y_s+\hat{\varphi}_s)\mathrm{d}s \\ +\dfrac{1}{\Gamma(q)}\displaystyle\int_0^t (t-s)^{q-1}T(t-s)f(s)\mathrm{d}s+\sum_{0<t_k<t}T(t-t_k)I_k(y(t_k^-)+\hat{\varphi}(t_k^-)) \\ +\dfrac{1}{\Gamma(q)}\displaystyle\int_0^t (t-s)^{q-1}T(t-s)BW^{-1}\Bigg[x_1-T(b)[\varphi(0)-g(0,\varphi)] \\ -g(b,y_b+\hat{\varphi}_b)-\displaystyle\sum_{k=1}^{m}T(b-t_k)I_k(y(t_k^-)+\hat{\varphi}(t_k^-)) \\ -\dfrac{1}{\Gamma(q)}\displaystyle\int_0^b (b-\eta)^{q-1}T(b-\eta)\Big(Ag(\eta,y_\eta+\hat{\varphi}_\eta) \\ +f\Big(\eta,y_\eta+\hat{\varphi}_\eta,\displaystyle\int_0^\eta h(\eta,\tau,y_\tau+\hat{\varphi}_\tau)\mathrm{d}\tau\Big)\Big)\mathrm{d}\eta\Bigg](s)\mathrm{d}s, \\ t\in J, f\in S_{F,y}\end{cases}$$

很明显，算子 Ω 存在不动点当且仅当算子 Γ 存在不动点。为了证明算子 Γ 存在不动点，我们将利用 Leray-Schauder 不动点定理[18]，分如下几步予以证明。

第 1 步：证明算子 Γ 为有界算子。事实上，只要证明存在正常数 Λ，使得对任意 $y\in B_r:=\{y\in B_v'':\|y\|_{B_v'}\leqslant r\}$ 以及 $\bar\rho\in\Gamma y$，有 $\|\bar\rho\|_{B_v'}\leqslant\Lambda$。

根据假设 3.1～假设 3.7 和引理 3.1，有

$$\begin{aligned}
|\bar\rho(t)|\leqslant&\frac{M_1b^q}{\Gamma(q+1)}\sup_{t\in J}\alpha_c(t)+M_1\sum_{k=1}^{m}L_k(l^{-1}r')\\
&+\frac{b^qM_1M_3}{\Gamma(q+1)}\Bigg[|x_1|+M_1|\phi(0)|+M_1(L_1\|\phi\|_{B_v}+L_2)\\
&+\left(1+\frac{b^qM_2}{\Gamma(q+1)}\right)(L_1r'+L_2)+\frac{M_1b^q}{\Gamma(q+1)}\sup_{t\in J}\alpha_c(t)\\
&+M_1\sum_{k=1}^{m}L_k(l^{-1}r')\Bigg]+M_1(L_1\|\phi\|_{B_v}+L_2)\\
&+\left(1+\frac{b^qM_2}{\Gamma(q+1)}\right)(L_1r'+L_2)\\
=&\tilde L+\frac{M_1b^q}{\Gamma(q+1)}\sup_{t\in J}\alpha_c(t)+M_1\sum_{k=1}^{m}L_k(l^{-1}r')\\
&+\frac{b^qM_1M_3}{\Gamma(q+1)}\Bigg[\left(1+\frac{b^qM_2}{\Gamma(q+1)}\right)L_1r'+\frac{M_1b^q}{\Gamma(q+1)}\sup_{t\in J}\alpha_c(t)\\
&+M_1\sum_{k=1}^{m}L_k(l^{-1}r')\Bigg]+\left(1+\frac{b^qM_2}{\Gamma(q+1)}\right)L_1r':=\Lambda
\end{aligned}\tag{3.6}$$

式中，$r':=\|\phi\|_{B_v}+l(r+M_1|\phi(0)|)$，$c:=\max\{r',b(Q_1r'+Q_2)\}$，$\tilde L$ 独立于 r，因此集合 $\{\bar\rho(t):\bar\rho\in\Gamma y,y\in B_r\}$ 为有界的，即算子 Γ 为有界的。

第 2 步：证明算子 Γ 将集合 B_r 映射为等度连续函数的集合。对任意 $y\in B_r,\bar\rho\in\Gamma y,\theta_1,\theta_2\in J$ 和 $0<\theta_1<\theta_2\leqslant b$，根据假设 3.1～假设 3.7 和引理 3.1，我们有

$$
\begin{aligned}
&\left|\bar{\rho}(\theta_1)-\bar{\rho}(\theta_2)\right| \\
\leqslant &\left|T(\theta_1)-T(\theta_2)\right|\left|g(0,\phi)\right|+L_1\left(\left|\theta_1-\theta_2\right|+\left\|y_{\theta_1}-y_{\theta_2}\right\|_{B_v}+\left\|\hat{\phi}_{\theta_1}-\hat{\phi}_{\theta_2}\right\|_{B_v}\right) \\
&+\frac{1}{\Gamma(q)}\int_0^{\theta_1}\left((\theta_1-s)^{q-1}\left|AT(\theta_1-s)-AT(\theta_2-s)\right|\right. \\
&\left.+\left|(\theta_1-s)^{q-1}-(\theta_2-s)^{q-1}\right|\left|AT(\theta_2-s)\right|\right)\left(L_1\left\|y_s+\hat{\varphi}_s\right\|_{B_v}+L_2\right)\mathrm{d}s \\
&+\frac{1}{\Gamma(q)}\int_{\theta_1}^{\theta_2}(\theta_2-s)^{q-1}\left|AT(\theta_2-s)\right|\left(L_1\left\|y_s+\hat{\varphi}_s\right\|_{B_v}+L_2\right)\mathrm{d}s \\
&+\frac{1}{\Gamma(q)}\int_0^{\theta_1}\left((\theta_1-s)^{q-1}\left|T(\theta_1-s)-T(\theta_2-s)\right|\right. \\
&\left.+\left|(\theta_1-s)^{q-1}-(\theta_2-s)^{q-1}\right|\left|T(\theta_2-s)\right|\right)\mathrm{d}s\times\left(\sup\nolimits_{t\in J}\alpha_c(t)+M_3\tilde{L}\right) \\
&+\frac{M_1}{\Gamma(q+1)}\cdot\sup\nolimits_{t\in J}\alpha_c(t)\cdot(\theta_2-\theta_1)^q \\
&+\sum_{0<t_k<\theta_1}\left|T(\theta_1-t_k)-T(\theta_2-t_k)\right|L_k(l^{-1}r')+M_1\sum_{\theta_1\leqslant t_k<\theta_2}L_k(l^{-1}r') \\
&+\frac{M_1M_3}{\Gamma(q+1)}\tilde{L}(\theta_2-\theta_1)^q
\end{aligned}
\tag{3.7}
$$

由于算子 T（t），对$t>0$，为紧的，这意味着该算子按一致算子拓扑连续，所以式（3.7）的右侧当$\theta_2-\theta_1\to 0$时趋于 0。因此，集合$\Gamma(B_r)$中的函数为等度连续的。由于$\theta_1<\theta_2<0$或者$\theta_1<0<\theta_2$这两种情况比较简单，所以对这两种情况的等度连续性就不予证明了。

第 3 步：证明集合$\Gamma(B_r)$为相对紧的。设$0<t\leqslant b$固定以及ε为满足$0<\varepsilon<t$的实数，定义多值算子$\Gamma_\varepsilon: B_v''\to P(B_v'')$：

对于任意$y\in B_v''$以及$\bar{\rho}^\varepsilon\in\Gamma_\varepsilon y$，满足

$$
\begin{aligned}
\bar{\rho}^\varepsilon(t)=&-T(t)g(0,\varphi)+g(t,y_t+\hat{\varphi}_t)+\frac{1}{\Gamma(q)}\int_0^{t-\varepsilon}(t-s)^{q-1}T(t-s) \\
&\times\left[Ag(s,y_s+\hat{\varphi}_s)+(Bu)(s)+f(s)\right]\mathrm{d}s+\sum_{0<t_k<t}T(t-t_k)I_k(y(t_k^-)+\hat{\phi}(t_k^-))
\end{aligned}
$$

式中，$f \in S_{F,y}$，$u(\cdot)$为控制函数（3.5）。

由于$T(t)$为紧算子，所以集合$Y_{\varepsilon}(t) := \{\overline{\rho}^{\varepsilon}(t) : \overline{\rho}^{\varepsilon} \in \Gamma_{\varepsilon} y, y \in B_r\}$，对于任意$\varepsilon$（$0 < \varepsilon < t$），为 Banach 空间$X$中的相对紧集。

此外，对于任意$y \in B''_v, \overline{\rho} \in \Gamma y$以及$\overline{\rho}^{\varepsilon} \in \Gamma_{\varepsilon} y$，其中$\overline{\rho}$和$\overline{\rho}^{\varepsilon}$选取相同的函数$f \in S_{F,y}$，于是有

$$\left|\overline{\rho}(t) - \overline{\rho}^{\varepsilon}(t)\right| \leqslant \frac{1}{\Gamma(q)} \int_{t-\varepsilon}^{t} \Big|(t-s)^{q-1} T(t-s)\big[Ag(s, y_s + \hat{\varphi}_s) + (Bu)(s) + f(s)\big]\Big| \mathrm{d}s$$

因而当$\varepsilon \to 0_{+}$时，$\left|\overline{\rho}(t) - \overline{\rho}^{\varepsilon}(t)\right| \to 0$，这意味着存在相对紧集，任意接近于集合$\{\overline{\rho}(t) : \overline{\rho} \in \Gamma y, y \in B_r\}$。因此，集合$\{\overline{\rho}(t) : \overline{\rho} \in \Gamma y, y \in B_r\}$在 Banach 空间$X$中为相对紧的。

容易看出集合$\Gamma(B_r)$中的函数为一致有界的。根据 Arzela-Ascoli 定理，由于集合$\Gamma(B_r)$的相对紧性以及集合$\Gamma(B_r)$中函数的一致有界性和等度连续性，多值算子Γ为全连续的，并具有非空紧值。

第 4 步：证明对于任意$y \in B''_v$，集合Γy为凸的。对于任意$\overline{\rho}_i \in \Gamma y$，存在$f_i \in S_{F,y}$以及相应的控制

$$u_i := W^{-1}\left[x_1 - T(b)[\phi(0) - g(0,\phi)] - g(b, y_b + \hat{\phi}_b) - \frac{1}{\Gamma(q)} \int_0^b (b-s)^{q-1} T(b-s) \times [Ag(s, y_s + \hat{\varphi}_s) + f_i(s)] \mathrm{d}s - \sum_{k=1}^{m} T(b-t_k) I_k(y(t_k^-) + \hat{\varphi}(t_k^-)) \right](t)$$

使得对于任意$t \in J$，我们有

$$\begin{aligned}\overline{\rho}_i(t) = & -T(t)g(0,\varphi) + g(t, y_t + \hat{\varphi}_t) \\ & + \frac{1}{\Gamma(q)} \int_0^t (t-s)^{q-1} T(t-s)\big[Ag(s, y_s + \hat{\varphi}_s) + (Bu_i)(s) + f_i(s)\big] \mathrm{d}s \\ & + \sum_{0<t_k<t} T(t-t_k) I_k(y(t_k^-) + \hat{\phi}(t_k^-)), i = 1,2\end{aligned}$$

令$\zeta \in [0,1]$。由于算子B和W^{-1}是线性的，因而有

$$
\begin{aligned}
\left(\zeta\overline{\rho}_1+(1-\zeta)\overline{\rho}_2\right)(t)=&-T(t)g(0,\phi)+g(t,y_t+\hat{\phi}_t)\\
&+\frac{1}{\Gamma(q)}\int_0^t(t-s)^{q-1}T(t-s)\Big[Ag(s,y_s+\hat{\phi}_s)\\
&+\left(B\left(\zeta u_1+(1-\zeta)u_2\right)\right)(s)+\left(\zeta f_1+(1-\zeta)f_2\right)(s)\Big]\mathrm{d}s\\
&+\sum_{0<t_k<t}T(t-t_k)I_k(y(t_k^-)+\hat{\varphi}(t_k^-))
\end{aligned}
$$

由于集合 $S_{F,y}$ 为凸的（因为算子 F 具有凸值），我们有 $\big(\zeta\overline{\rho}_1+(1-\zeta)\cdot\overline{\rho}_2\big)\in\Gamma y$。

第 5 步：假设 $y^{(n)}\to y^*,\overline{\rho}_n\in\Gamma y^{(n)}$ 和 $\overline{\rho}_n\to\overline{\rho}_*$，我们将证明算子 Γ 有闭图，即 $\overline{\rho}_*\in\Gamma y^*$。考虑线性连续算子

$$
\Theta:L^1(J,X)\to C(J,X);f\mapsto(\Theta f)(t):=\frac{1}{\Gamma(q)}\int_0^t(t-s)^{q-1}T(t-s)\Big[f(s)+BW^{-1}\times\left(-\frac{1}{\Gamma(q)}\int_0^b(b-s)^{q-1}T(b-s)f(s)\mathrm{d}s\right)(s)\Big]\mathrm{d}s
$$

由于 $\overline{\rho}_n\in\Gamma y^{(n)}$，存在 $f_n\in S_{F,y^{(n)}}$，使得对于任意 $t\in J$，

$$
\overline{\rho}_n(t)+T(t)g(0,\varphi)-g(t,y_t^{(n)}+\hat{\varphi}_t)-\frac{1}{\Gamma(q)}\int_0^t(t-s)^{q-1}T(t-s)\Big[Ag(s,y_s^{(n)}+\hat{\varphi}_s)+(B\overline{u}_n)(s)\Big]\mathrm{d}s-\sum_{0<t_k<t}T(t-t_k)I_k(y(n)(t_k^-)+\hat{\phi}(t_k^-))\in\left(\Theta\circ S_F\right)y(n)
$$

式中

$$
\begin{aligned}
\overline{u}_n(t):=W^{-1}\Big[&x_1-T(b)[\phi(0)-g(0,\phi)]-g(b,y_b^{(n)}+\hat{\phi}_b)\\
&-\frac{1}{\Gamma(q)}\int_0^b(b-s)^{q-1}AT(b-s)g(s,y_s^{(n)}+\hat{\varphi}_s)\mathrm{d}s\\
&-\sum_{k=1}^m T(b-t_k)I_k(y^{(n)}(t_k^-)+\hat{\varphi}(t_k^-))\Big](t)
\end{aligned}
$$

根据引理 3.2，有复合算子 $\Theta\circ S_F$ 为闭图算子，并且当 $n\to\infty$ 时，

$$
\overline{\rho}_*(t)+T(t)g(0,\varphi)-g(t,y_t^*+\hat{\varphi}_t)-\frac{1}{\Gamma(q)}\int_0^t(t-s)^{q-1}T(t-s)\Big[Ag(s,y_s^*+\hat{\varphi}_s)
$$

$$+(B\overline{u}_*)(s)\Big]\mathrm{d}s-\sum_{0<t_k<t}T(t-t_k)I_k(y^*(t_k^-)+\hat{\phi}(t_k^-))\in(\Theta\circ S_F)y^*$$

式中，$\overline{u}_*$ 是利用将符号*代替控制 $\overline{u}_n$ 中符号 n 所形成的。

因此，$\overline{\rho}_*\in\Gamma y^*$。

根据引理 3.3 和上述分析，我们可以作出以下结论：算子 Γ 为上半连续紧算子，并具有非空闭凸值。

第 6 步：证明引理 3.4 的边界条件不成立。假设 $y\in\lambda\Gamma y$，对某 $\lambda\in(0,1)$。那么，存在 $f\in S_{F,y}$，使得对 $t\in J$，我们有 $y(t)=\lambda\overline{\rho}(t)$。因此，容易得到

$$\frac{\|y\|_{B_v'}}{\hat{H}(\|y\|_{B_v'})+\dfrac{b^qM_1M_3}{\Gamma(q+1)}\left(|x_1|+M_1|\phi(0)|+\hat{H}(\|y\|_{B_v'})\right)}\leqslant 1$$

如果选取 $U:=\{y\in B_v'':\|y\|_{B_v'}<r\}$ 和 $C:=\{y\in B_v'':\|y\|_{B_v'}\leqslant\max\{r,\Lambda\}\}$，那么上式与假设 3.8 相矛盾，于是引理 3.4 的边界条件不成立。

根据引理 3.4 和上述分析，引理 3.4 中的条件（ⅰ）成立，即算子 Γ 在 $\overline{U}$ 中存在不动点，进而算子 Ω 存在不动点，因此系统(3.1)～系统(3.3)在区间 J 上是可控的，于是该定理证毕。

3.3 无穷维 Banach 空间上分式阶中立型状态依赖时滞发展积-微分包含的可控性

3.3.1 系统描述和预备知识

考虑下列无穷维 Banach 空间上带状态依赖时滞的分式阶脉冲中立型发展积-微分包含：

$$\begin{cases}\dfrac{\mathrm{d}^q}{\mathrm{d}t^q}[x(t)-g(t,x_t)]\in A(t)x(t)+(Bu)(t)\\+F\left(t,x_{\rho(t,x_t)},\int_0^t h(t,s,x_{\rho(s,x_s)})\mathrm{d}s\right),\\t\in J=[0,b],t\neq t_k,k=1,2,\cdots,m\end{cases}\tag{3.8}$$

$$\Delta x|_{t=t_k} = I_k(x(t_k^-)), k=1,2,\cdots,m \tag{3.9}$$

$$x_0 = \phi \in B_v \tag{3.10}$$

式中，$0<q<1$，状态 $x(\cdot)$ 属于 Banach 空间 X，赋予范数 $|\cdot|$；控制函数 $u(\cdot)$ 取值于可允许的控制函数所形成的 Banach 空间 $L^2(J,U)$；对 $0\leqslant s\leqslant t\leqslant b$，算子 A（t）是从 Y 到 X 的有界闭线性算子，其中 Y 为 Banach 空间，由独立于 t 的稠密域 D（A（t））所形成，赋予图范数；$\rho: J\times B_v \to (-\infty,b]$，$\Delta x|_{t=t_k} = x(t_k^+) - x(t_k^-), k=1,2,\cdots,m$，$0=t_0<t_1<t_2<\cdots<t_m<t_{m+1}=b$。

令 $x_t(\cdot)$ 表示 $x_t(\theta) := x(t+\theta), \theta\in(-\infty,0]$。函数 g, F, h 将在下面定义。

在本小节 3.3 中使用的空间 B_v，B_v'，B_v'' 以及 B_r 同小节 3.2。

令 P 表示 Banach 空间 X 的任意非空子集类，$P_{cp,cv}(X)$ 和 $P_{bd,cl,cv}(X)$ 分别表示 Banach 空间 X 的任意非空紧凸和有界闭凸子集类。

在给出主要结果之前，先介绍一些有价值的定义和引理。

定义 3.5[15] 多值算子 $\Gamma: X\to P(X)$ 为凸（闭）值，如果对于任意 $x\in X$，集合 $\Gamma(x)$ 为凸（闭）的。算子 Γ 为有界的，如果对于 X 上的任意有界子集 V，集合 $\Gamma(V) := \bigcup_{x\in V}\Gamma(x)$ 为有界的。算子 Γ 为全连续的，如果对于 X 上的任意有界子集 V，集合闭包 $\overline{\Gamma(V)}$ 为紧的。如果对于某点 $x_0\in X$，有 $x_0\in\Gamma(x_0)$，则称该点 x_0 为多值算子 Γ 的不动点。

引理 3.5[14] 假设 $x\in B_v'$，那么对 $t\in J, x_t\in B_v$。

此外，$l|x(t)|\leqslant \|x_t\|_{B_v} \leqslant \|\phi\|_{B_v} + l\sup_{s\in[0,t]}|x(s)|$。

定义 3.6[11,17] 如果 $0<\alpha\leqslant 1$，那么 $\dfrac{\mathrm{d}^\alpha f(t)}{\mathrm{d}t^\alpha} = \dfrac{1}{\Gamma(1-\alpha)}\displaystyle\int_0^t \frac{f'(s)}{(t-s)^\alpha}\mathrm{d}s$，其中 $f'(s)=\dfrac{\mathrm{d}f(s)}{\mathrm{d}s}$ 并且 f 为抽象函数，取值于 Banach 空间 X。

引理 3.6（Lasota 和 Opial[16]） 假设 I 为紧实区间，X 为 Banach 空间，F 为满足假设（H5）的多值算子以及 Θ 为从 $L^1(I,X)$ 到 $C(I,X)$ 的线性连续算子。那么，算子 $\Theta\circ S_F: C(I,X)\to P_{cp,cv}(C(I,X))$ 为 $C(I,X)\times C(I,X)$ 上的闭图算子。

定义 3.7 如果一族有界线性算子 $R(t,s)\in B(X),0\leqslant s\leqslant t\leqslant b$ 满足下列条件：

（i）$R(t,s)$ 关于 t 和 s 为强连续的，$R(t,t)=I,t\in J$；

（ii）对任意 $y\in Y$，$R(t,s)y$ 关于 t 和 s 为强连续可微函数，使得 $\frac{\partial^q}{\partial t^q}R(t,s)y=A(t)R(t,s)y$。

则称该族有界线性算子 $R(t,s)\in B(X),0\leqslant s\leqslant t\leqslant b$ 为系统（3.8）～系统（3.10）的豫解算子。

定义 3.8 如果函数 $x:(-\infty,b]\to X$ 的初始函数 $x_0=\phi\in B_v$，限制到区间 $J_k(k=0,1,\cdots,m)$ 的函数 $x(\cdot)$ 都是连续的并且下列积分方程成立：对 $t\in J$，有

$$\begin{aligned}x(t)=&R(t,0)[\phi(0)-g(0,\phi)]+g(t,x_t)\\&+\frac{1}{\Gamma(q)}\int_0^t(t-s)^{q-1}R(t,s)\left[A(s)g(s,x_s)+(Bu)(s)+f(s)\right]\mathrm{d}s\\&+\sum_{0<t_k<t}R(t,t_k)I_k(x(t_k^-))\end{aligned}\tag{3.11}$$

式中，$f\in S_{F,x}:=\left\{f\in L^1(J,X):f(t)\in F\left(t,x_{\rho(t,x_t)},\int_0^t h(t,s,x_{\rho(s,x_s)})\mathrm{d}s\right)\right.$，对于几乎处处 $\left.t\in J\right\}$，则称函数 $x:(-\infty,b]\to X$ 为系统（3.8）～系统（3.10）的温和解。

定义 3.9 如果对任意初始函数 $x_0=\phi\in B_v$，存在控制 $u\in L^2(J,U)$，使得系统（3.8）～系统（3.10）的温和解 $x(\cdot)$ 满足 $x(b)=x_1$，其中 x_1 和 b 分别是预先指定的终态和终止时间，则称系统（3.8）～系统（3.10）在区间 J 上为可控的。

引理 3.7[15] 如果多值算子 Γ 为全连续的，并且具有非空紧值，那么算子 Γ 为上半连续的当且仅当算子 Γ 有闭图（即 $x_n\to x_*,y_n\to y_*$，$y_n\in\Gamma(x_n)$ 意味着 $y_*\in\Gamma(x_*)$）。

作为推导本小节可控性结果的主要工具，引进 Dhage 多值不动点定理如下。

引理 3.8[20,21] 令$B(0,r)$和$B[0,r]$分别表示 Banach 空间X中以原点为中心、以r为半径的开球和闭球。令$\Theta: X \to P_{bd,cl,cv}(X)$和$\Gamma: B[0,r] \to P_{cp,cv}(X)$为两个多值算子，满足：（a）$\Theta$为多值压缩算子；（b）$\Gamma$为全连续算子。那么，算子$\Theta$和$\Gamma$只能满足下列两个条件之一：

（i）算子包含$x \in \Theta x + \Gamma x$在$B[0,r]$中存在解；

（ii）存在$u \in X$，满足$|u| = r$，使得对于某$\lambda > 1$，$\lambda u \in \Theta u + \Gamma u$。其中条件（ii）称为边界条件。

3.3.2 Dhage 多值不动点定理的应用

为了研究系统（3.8）～系统（3.10）的可控性，我们作出以下假设。

假设 3.9 函数$t \to \varphi_t$从$R(\rho^-) := \{\rho(s,\psi): \rho(s,\psi) \leqslant 0, (s,\psi) \in J \times B_v\}$到$B_v$为连续的，存在连续有界函数$J^\varphi: R(\rho^-) \to (0,\infty)$，使得对任意$t \in R(\rho^-)$，$\|\varphi_t\|_{B_v} \leqslant J^\varphi(t)\|\varphi_0\|_{B_v}$。

假设 3.10 豫解算子$R(t,s)$为紧的；对某正常数$M_i > 0, i = 1,2$，有$|R(t,s)| \leqslant M_1, |R(t,s)A(s)| \leqslant M_2$，其中$(t,s) \in \Delta := \{(t,s): 0 \leqslant s \leqslant t \leqslant b\}$。

假设 3.11 线性算子

$$W: L^2(J,U) \to X, u \mapsto Wu := \frac{1}{\Gamma(q)} \int_0^b (b-s)^{q-1} R(b,s)(Bu)(s)\mathrm{d}s$$

有可逆算子W^{-1}，取值于$L^2(J,U) \setminus KerW$，并且存在正常数M_3，使得$|BW^{-1}| \leqslant M_3$。

假设 3.12 函数$I_k \in C(X,X)$，并且存在连续非减函数$L_k: [0,+\infty) \to (0,+\infty)$，使得$|I_k(x)| \leqslant L_k(|x|), x \in X$。

假设 3.13 函数$g: J \times B_v \to X$为连续的，并且存在正常数L_1, L_2，使得

$|g(t_1,\phi_1) - g(t_2,\phi_2)| \leqslant L_1(\|\phi_1 - \phi_2\|_{B_v} + |t_1 - t_2|), \forall t_1, t_2 \in J, \phi_1, \phi_2 \in B_v$；

$|g(t,\phi)| \leqslant L_1\|\phi\|_{B_v} + L_2$，其中$L_2 = \sup_{t \in J}|g(t,0)|$。

假设 3.14 多值算子 $F:J\times B_v\times X\to P_{bd,cl,cv}(X);(t,\phi,x)\mapsto F(t,\phi,x)$，对于几乎处处 $t\in J$，相对于 ϕ 和 x 为上半连续的；对于任意 $(\phi,x)\in B_v\times X$，相对于 t 为可测的。对于任意固定 $(\phi,x)\in B_v\times X$，集合 $S_{F,\phi,x}:=\left\{f\in L^1(J,X):f(t)\in F\left(t,\phi,x\right)\text{，对于几乎处处}\,t\in J\right\}$ 是非空的。

假设 3.15 存在函数 $p\in C(J,R_+)$，满足 $\sup_{t\in J}p(t)<+\infty$ 以及非减函数 $\psi:R_+\to(0,\infty)$，使得对于几乎处处 $t\in J$ 和任意 $\phi\in B_v,x\in X$，$\|F(t,\phi,x)\|:=\sup\{|f|:f(t)\in F(t,\phi,x)\}\leqslant p(t)\psi(\|\phi\|_{B_v}+|x|)$。

假设 3.16 函数 $h:\varDelta\times B_v\to X$ 为连续的，其中 $\varDelta=\{(t,s):0\leqslant s\leqslant t\leqslant b\}$，存在正常数 Q_1,Q_2，满足

$$|h(t_1,s,\phi_1)-h(t_2,s,\phi_2)|\leqslant Q_1(\|\phi_1-\phi_2\|_{B_v}+|t_1-t_2|)\text{；}$$

$$Q_2=\sup_{(t,s)\in\varDelta}|h(t,s,0)|\text{。}$$

假设 3.17 $\alpha:=\left(1+\dfrac{b^qM_2}{\Gamma(q+1)}\right)L_1l<1$。

假设 3.18 存在正常数 r，使得 $\dfrac{r}{\hat{H}(r)+\dfrac{b^qM_1M_3}{\Gamma(q+1)}\left(|x_1|+M_1|\phi(0)|+\hat{H}(r)\right)}>1$，式中，$\hat{H}(r):=M_1(L_1\|\phi\|_{B_v}+L_2)+L_1(q'+lr)+L_2+\dfrac{b^qM_2}{\Gamma(q+1)}\{L_1(q'+lr)+L_2\}+\dfrac{b^qM_1}{\Gamma(q+1)}\sup_{t\in J}p(t)\psi(\omega)+M_1\sum_{k=1}^{m}L_k\left(r+l^{-1}q'\right)$，$q':=\|\phi\|_{B_v}+lM_1|\phi(0)|$，$\omega:=(1+bQ_1)(r'+\tilde{J}^{\varphi}\|\phi\|_{B_v})+bQ_2$，$r':=\|\phi\|_{B_v}+l(r+M_1|\phi(0)|)$。

根据假设 3.9 和引理 3.5，容易得到下面预备引理。

引理 3.9 如果函数 $y:(-\infty,b)\to X$ 满足 $y_0=\phi$ 和 $y|_J\in PC(J,X)$，那么 $\|y_t\|_{B_v}\leqslant(1+\tilde{J}^{\varphi})\|\phi\|_{B_v}+l\cdot\sup_{s\in[0,b]}|y(s)|,t\in R(\rho^-)\cup J$，其中 $\tilde{J}^{\varphi}:=\sup_{t\in R(\rho^-)}J^{\varphi}(t)$，$PC(J,X)$ 是由所有满足对 $i=1,2,\cdots,n$，在 $t\neq t_i$ 处连续，$y(t_i)=y(t_i^-)$ 并且 $y(t_i^+)$ 存在的函数 $y:[0,b]\to X$ 所形成的函数空间。

由上述假设 3.9～假设 3.18 和预备引理 3.9，可以得到本节的如下主要结果。

定理 3.2 如果系统（3.8）～系统（3.10）满足假设 3.9～假设 3.18，那么该系统在区间 J 上是可控的。

证明 鉴于假设 3.11，对于任意系统状态函数 $x(\cdot)$，定义控制函数如下：

$$u(t)=W^{-1}\Bigg[x_1-R(b,0)[\varphi(0)-g(0,\varphi)]-g(b,x_b)\\-\frac{1}{\Gamma(q)}\int_0^b(b-s)^{q-1}R(b,s)[A(s)g(s,x_s)+f(s)]\mathrm{d}s\\-\sum_{k=1}^{m}R(b,t_k)I_k(x(t_k^-))\Bigg](t)\tag{3.12}$$

式中，$f\in S_{F,x}$。

定义多值算子 $\Omega:B_v'\to P(B_v')$ 如下：

对于任意 $x\in B_v'$，$\rho\in\Omega x$，并且满足

$$\rho(t)=\begin{cases}\varphi(t),t\in(-\infty,0]\\R(t,0)[\varphi(0)-g(0,\varphi)]+g(t,x_t)\\+\dfrac{1}{\Gamma(q)}\displaystyle\int_0^t(t-s)^{q-1}R(t,s)\big[A(s)g(s,x_s)+(Bu)(s)+f(s)\big]\mathrm{d}s\\+\displaystyle\sum_{0<t_k<t}R(t,t_k)I_k(x(t_k^-)),t\in J,f\in S_{F,x}\end{cases}$$

下面只要证明当使用控制（3.12）时，算子 Ω 存在不动点 $x(\cdot)$，就可以证明该定理了。因为该不动点就是系统（3.8）～系统（3.10）的温和解并且 $x_1=x(b)\in(\Omega x)(b)$，于是我们可以得出结论：系统（3.8）～系统（3.10）为可控的。

令 $x(t)=y(t)+\hat{\phi}(t),t\in(-\infty,b]$，其中 $\hat{\phi}(t)=\begin{cases}\phi(t),t\in(-\infty,0]\\R(t,0)\phi(0),t\in J\end{cases}$。

定义多值算子 $\Gamma:B_v''\to P(B_v'')$ 如下：

对于任意 $y\in B_v''$ 以及 $\bar{\rho}\in\Gamma y$，满足

$$\overline{\rho}(t):=\begin{cases}0,t\in(-\infty,0]\\ \dfrac{1}{\Gamma(q)}\int_0^t(t-s)^{q-1}R(t,s)f(s)\mathrm{d}s+\sum\limits_{0<t_k<t}R(t,t_k)I_k(y(t_k^-)+\hat{\varphi}(t_k^-))\\ +\dfrac{1}{\Gamma(q)}\int_0^t(t-s)^{q-1}R(t,s)BW^{-1}\Big[x_1-R(b,0)[\varphi(0)-g(0,\varphi)]\\ -g(b,y_b+\hat{\varphi}_b)-\sum\limits_{k=1}^{m}R(b,t_k)I_k(y(t_k^-)+\hat{\varphi}(t_k^-))\\ -\dfrac{1}{\Gamma(q)}\int_0^b(b-\eta)^{q-1}R(b,\eta)\big(A(\eta)g(\eta,y_\eta+\hat{\varphi}_\eta)+f(\eta)\big)\mathrm{d}\eta\Big](s)\mathrm{d}s,\\ t\in J,f\in S_{F,y}\end{cases}$$

定义算子$\Theta:B_v''\to B_v''$如下：

$$(\Theta y)(t):=\begin{cases}0,t\in(-\infty,0]\\ -R(t,0)g(0,\varphi)+g(t,y_t+\hat{\varphi}_t)\\ +\dfrac{1}{\Gamma(q)}\int_0^t(t-s)^{q-1}R(t,s)A(s)g(s,y_s+\hat{\varphi}_s)\mathrm{d}s,t\in J\end{cases}$$

很明显，算子Ω存在不动点当且仅当算子$\Gamma+\Theta$存在不动点。为了证明算子$\Gamma+\Theta$存在不动点，我们将利用 Dhage 多值不动点定理，分如下几步予以证明。

第 1 步：首先容易看出算子Θ有闭凸值。下面我们将证明算子Θ将B_v''中的有界集映射为有界集。对于任意$y\in B_r:=\left\{y\in B_v'':\|y\|_{B_v'}\leqslant r\right\}$，根据假设 3.10，3.13 和引理 3.5，我们对$t\in J$有

$$|(\Theta y)(t)|\leqslant M_1(L_1\|\phi\|_{B_v}+L_2)+\left(1+\frac{b^qM_2}{\Gamma(q+1)}\right)(L_1r'+L_2)=\text{Const.}$$

这意味着算子Θ是有界的。

第 2 步：证明算子Θ为压缩算子。令$y_1,y_2\in B_v''$，鉴于假设 3.10，假设 3.13 和引理 3.5，容易得到

$$|(\Theta y_1)(t)-(\Theta y_2)(t)|\leqslant\left|g(t,y_{1_t}+\hat{\phi}_t)-g(t,y_{2_t}+\hat{\phi}_t)\right|$$

$$+\frac{1}{\Gamma(q)}\int_0^t (t-s)^{q-1}\left|R(t,s)A(s)\right|\left|g(s,y_{1_s}+\hat{\varphi}_s)\right.$$
$$\left.-g(s,y_{2_s}+\hat{\varphi}_s)\right|\mathrm{d}s$$
$$\leqslant\left(1+\frac{b^qM_2}{\Gamma(q+1)}\right)L_1l\left\|y_1-y_2\right\|_{B_v'}:=\alpha\left\|y_1-y_2\right\|_{B_v'},t\in J$$

根据假设 3.17，我们可以作出以下结论：算子 Θ 为压缩算子。

第 3 步：证明算子 Γ 的有界性。对于任意 $y\in B_r,\bar{\rho}\in\Gamma y$，存在函数 $f\in S_{F,y}$，使得对 $t\in J$，根据假设 3.10～假设 3.16 以及引理 3.5 和 3.9，有

$$\begin{aligned}|\bar{\rho}(t)|\leqslant&\frac{M_1b^q\psi(\omega)}{\Gamma(q+1)}\sup_{t\in J}p(t)+M_1\sum_{k=1}^mL_k(l^{-1}r')\\&+\frac{b^qM_1M_3}{\Gamma(q+1)}\Big[|x_1|+M_1|\phi(0)|+M_1(L_1\|\phi\|_{B_v}+L_2)\\&+\left(1+\frac{b^qM_2}{\Gamma(q+1)}\right)(L_1r'+L_2)+\frac{M_1b^q\psi(\omega)}{\Gamma(q+1)}\sup_{t\in J}p(t)+M_1\sum_{k=1}^mL_k(l^{-1}r')\Big]\\&=\text{Const.}\end{aligned}$$

式中，$r':=\|\phi\|_{B_v}+l(r+M_1|\phi(0)|)$，因而算子 Γ 为有界的。

第 4 步：证明算子 Γ 将集合 B_r 映射为等度连续函数的集合。对任意 $y\in B_r,\bar{\rho}\in\Gamma y,\theta_1,\theta_2\in J$ 和 $0<\theta_1<\theta_2\leqslant b$，根据假设 3.10～假设 3.16 以及引理 3.5 和 3.9，我们有

$$\begin{aligned}&|\bar{\rho}(\theta_1)-\bar{\rho}(\theta_2)|\\\leqslant&\frac{1}{\Gamma(q)}\int_0^{\theta_1}\Big((\theta_1-s)^{q-1}|R(\theta_1,s)-R(\theta_2,s)|\\&+\left|(\theta_1-s)^{q-1}-(\theta_2-s)^{q-1}\right||R(\theta_2,s)|\Big)\mathrm{d}s\\&\times\left(\psi(\omega)\sup\nolimits_{t\in J}p(t)+M_3\tilde{L}\right)+\frac{M_1}{\Gamma(q+1)}\cdot\psi(\omega)\sup\nolimits_{t\in J}p(t)\cdot(\theta_2-\theta_1)^q\\&+\sum_{0<t_k<\theta_1}|R(\theta_1,t_k)-R(\theta_2,t_k)|L_k(l^{-1}r')\end{aligned}$$

$$+M_1\sum_{\theta_1\leqslant t_k<\theta_2}L_k(l^{-1}r')+\frac{M_1M_3}{\Gamma(q+1)}\tilde{L}(\theta_2-\theta_1)^q \tag{3.13}$$

式中

$$\tilde{L}:=|x_1|+M_1|\phi(0)|+M_1(L_1\|\phi\|_{B_v}+L_2)+\left(1+\frac{b^qM_2}{\Gamma(q+1)}\right)(L_1r'+L_2)$$

$$+\frac{M_1b^q\psi(\omega)}{\Gamma(q+1)}\sup_{t\in J}p(t)+M_1\sum_{k=1}^{m}L_k(l^{-1}r')。$$

由于算子 $R(t,s)$，对 $(t,s)\in\varDelta$，为紧的，这意味着该算子按一致算子拓扑连续，所以式（3.13）的右侧当 $\theta_2-\theta_1\to 0$ 时趋于 0。因此，集合 $\Gamma(B_r)$ 中的函数为等度连续的。由于 $\theta_1<\theta_2<0$ 或者 $\theta_1<0<\theta_2$ 这两种情况比较简单，所以对这两种情况的等度连续性就不予证明了。

第 5 步：证明集合 $\Gamma(B_r)$ 为相对紧的。设 $0<t\leqslant b$ 固定以及 ε 为满足 $0<\varepsilon<t$ 的实数，定义多值算子 $\Gamma_\varepsilon:B_v''\to P(B_v'')$ 如下：

对于任意 $y\in B_v''$ 以及 $\bar{\rho}^\varepsilon\in\Gamma_\varepsilon y$，满足

$$\bar{\rho}^\varepsilon(t)=\frac{1}{\Gamma(q)}\int_0^{t-\varepsilon}(t-s)^{q-1}R(t,s)[(Bu)(s)+f(s)]\mathrm{d}s$$

$$+\sum_{0<t_k<t}R(t,t_k)I_k(y(t_k^-)+\hat{\phi}(t_k^-))$$

式中，$f\in S_{F,y}$，$u(\cdot)$ 为控制函数（3.12）。

由于 $R(t,s)$ 为紧算子，所以集合 $Y_\varepsilon(t):=\{\bar{\rho}^\varepsilon(t):\bar{\rho}^\varepsilon\in\Gamma_\varepsilon y,y\in B_r\}$，对于任意 ε（$0<\varepsilon<t$），为 Banach 空间 X 中的相对紧集。

此外，对于任意 $y\in B_v'',\bar{\rho}\in\Gamma y$ 以及 $\bar{\rho}^\varepsilon\in\Gamma_\varepsilon y$，其中 $\bar{\rho}$ 和 $\bar{\rho}^\varepsilon$ 选取相同的函数 $f\in S_{F,y}$，于是有

$$\left|\bar{\rho}(t)-\bar{\rho}^\varepsilon(t)\right|\leqslant\frac{1}{\Gamma(q)}\int_{t-\varepsilon}^{t}\left|(t-s)^{q-1}R(t,s)[(Bu)(s)+f(s)]\right|\mathrm{d}s$$

因而当 $\varepsilon\to 0_+$ 时，$\left|\bar{\rho}(t)-\bar{\rho}^\varepsilon(t)\right|\to 0$，这意味着存在相对紧集，任意接近于集合 $\{\bar{\rho}(t):\bar{\rho}\in\Gamma y,y\in B_r\}$。因此，集合 $\{\bar{\rho}(t):\bar{\rho}\in\Gamma y,y\in B_r\}$ 在 Banach 空间 X 中为相对紧的。

容易看出集合 $\Gamma(B_r)$ 中的函数为一致有界的。根据 Arzela-Ascoli 定理，由于集合 $\Gamma(B_r)$ 的相对紧性以及集合 $\Gamma(B_r)$ 中函数的一致有界性和等度连续性，因而多值算子 Γ 为全连续的，并具有非空紧值。

第 6 步：证明对于任意 $y\in B_v''$，集合 Γy 为凸的。对于任意 $\bar{\rho}_i\in\Gamma y$，存在 $f_i\in S_{F,y}$ 以及相应的控制

$$u_i(t):=W^{-1}\Bigg[x_1-R(b,0)[\phi(0)-g(0,\phi)]-g(b,y_b+\hat{\phi}_b)$$

$$-\frac{1}{\Gamma(q)}\int_0^b(b-s)^{q-1}R(b,s)[A(s)g(s,y_s+\hat{\varphi}_s)+f_i(s)]\mathrm{d}s$$

$$-\sum_{k=1}^{m}R(b,t_k)I_k(y(t_k^-)+\hat{\varphi}(t_k^-))\Bigg](t)$$

使得对于任意 $t\in J$，我们有

$$\bar{\rho}_i(t)=\frac{1}{\Gamma(q)}\int_0^t(t-s)^{q-1}R(t,s)\big[(Bu_i)(s)+f_i(s)\big]\mathrm{d}s$$

$$+\sum_{0<t_k<t}R(t,t_k)I_k(y(t_k^-)+\hat{\varphi}(t_k^-)),i=1,2$$

令 $\zeta\in[0,1]$。由于算子 B 和 W^{-1} 是线性的，因而有

$$(\zeta\bar{\rho}_1+(1-\zeta)\bar{\rho}_2)(t)=\frac{1}{\Gamma(q)}\int_0^t(t-s)^{q-1}R(t,s)\Big[\big(B\big(\zeta u_1+(1-\zeta)u_2\big)\big)(s)$$

$$+\big(\zeta f_1+(1-\zeta)f_2\big)(s)\Big]\mathrm{d}s+\sum_{0<t_k<t}R(t,t_k)I_k(y(t_k^-)+\hat{\phi}(t_k^-))$$

由于集合 $S_{F,y}$ 为凸的（因为算子 F 具有凸值），我们有 $(\zeta\bar{\rho}_1+(1-\zeta)\bar{\rho}_2)\in\Gamma y$。

第 7 步：假设 $y^{(n)}\to y^*,\bar{\rho}_n\in\Gamma y^{(n)}$ 和 $\bar{\rho}_n\to\bar{\rho}_*$，我们将证明算子 Γ 有闭图，即 $\bar{\rho}_*\in\Gamma y^*$。考虑线性连续算子

$$\hat{\Theta}:L^1(J,X)\to C(J,X);$$

$$f\mapsto(\hat{\Theta}f)(t):=\frac{1}{\Gamma(q)}\int_0^t(t-s)^{q-1}R(t,s)\Big[f(s)$$

$$+BW^{-1}\left(-\frac{1}{\Gamma(q)}\int_0^b (b-s)^{q-1}R(b,s)f(s)\mathrm{d}s\right)(s)\Bigg]\mathrm{d}s\text{。}$$

由于 $\overline{\rho}_n\in\Gamma y^{(n)}$，存在 $f_n\in S_{F,y^{(n)}}$，使得对于任意 $t\in J$，

$$\overline{\rho}_n(t)-\frac{1}{\Gamma(q)}\int_0^t (t-s)^{q-1}R(t,s)(B\overline{u}_n)(s)\mathrm{d}s-\sum_{0<t_k<t}R(t,t_k)I_k(y^{(n)}(t_k^-)$$

$$+\hat{\varphi}(t_k^-))\in\left(\hat{\Theta}\circ S_F\right)y^{(n)}$$

式中

$$\overline{u}_n(t):=W^{-1}\Big[x_1-R(b,0)[\phi(0)-g(0,\phi)]-g(b,y_b^{(n)}+\hat{\phi}_b)$$

$$-\frac{1}{\Gamma(q)}\int_0^b (b-s)^{q-1}R(b,s)A(s)g(s,y_s^{(n)}+\hat{\varphi}_s)\mathrm{d}s$$

$$-\sum_{k=1}^m R(b,t_k)I_k(y^{(n)}(t_k^-)+\hat{\varphi}(t_k^-))\Big](t)$$

根据引理 3.6，有复合算子 $\hat{\Theta}\circ S_F$ 为闭图算子，并且当 $n\to\infty$ 时，

$$\overline{\rho}_*(t)-\frac{1}{\Gamma(q)}\int_0^t (t-s)^{q-1}R(t,s)(B\overline{u}_*)(s)\mathrm{d}s-\sum_{0<t_k<t}R(t,t_k)I_k(y^*(t_k^-)+\hat{\varphi}(t_k^-))$$

$$\in\left(\hat{\Theta}\circ S_F\right)y^*$$

式中，$\overline{u}_*$ 是利用将符号*代替控制 $\overline{u}_n$ 中符号 n 所形成的。

因此，$\overline{\rho}_*\in\Gamma y^*$。

根据引理 3.7 和上述分析，我们可以得出以下结论：算子 Γ 为上半连续紧算子，并具有非空闭凸值。

第 8 步：证明引理 3.8 的边界条件不成立。假设 $\lambda y\in\Theta y+\Gamma y$，对某 $\lambda>1$。那么，存在 $f\in S_{F,y}$，使得对 $t\in J$，我们有 $\lambda y(t)=\overline{\rho}(t)+(\Theta y)(t)$。因此，容易得到

$$\frac{\|y\|_{B_v'}}{\hat{H}(\|y\|_{B_v'})+\dfrac{b^qM_1M_3}{\Gamma(q+1)}\left(|x_1|+M_1|\phi(0)|+\hat{H}(\|y\|_{B_v'})\right)}\leqslant 1$$

如果选取 $B[0,r]:=\{y\in B_v'':\|y\|_{B_v'}\leqslant r\}$，那么上式与假设 3.18 相矛盾，于是引理 3.8 的边界条件不成立。

根据引理 3.8 和上述分析，引理 3.8 中的条件（i）成立，即算子 $\Theta+\Gamma$ 在 $B[0,r]$ 中存在不动点，进而算子 Ω 存在不动点，因此系统（3.8）～系统（3.10）在区间 J 上是可控的，于是该定理证毕。

参考文献

[1] Benchohra M. Controllability for functional differential and integro-differential inclusions. Journal of Optimization Theory and Application，2002，113：449-472.

[2] Chang Y K. Controllability of functional integrodifferential inclusions with an unbounded delay. Journal of Optimization Theory and Application，2007，132（1）：125-142.

[3] Liu B. Controllability of impulsive neutral functional differential inclusions with infinite delay. Nonlinear Analysis，2005，60（8）：1533-1552.

[4] Chang Y K. Controllability of impulsive neutral functional differential inclusions with infinite delay in Banach spaces. Chaos，Solitons and Fractals，2009，39（4）：1864-1876.

[5] Hernandez E，Pierri M，Goncalves G. Existence results for an impulsive abstract partial differential equation with state-dependent delay. Computers and Mathematics with Applications，2006，52（3-4）：411-420.

[6] Hernandez E，Mckibben M A. On state-dependent delay partial neutral functional-differential equations. Applied Mathematics and Computation，2007，186（1）：294-301.

[7] Hernandez E，Sakthivel R，Aki S T. Existence results for impulsive evolution differential equations with state-dependent delay. Electronic Journal of Differential Equations，2008，28：1-11.

[8] Hernandez E，Mckibben M，Henriquez H. Existence results for partial neutral functional differential equations with state-dependent delay. Mathematical and Computer Modelling，2009，49（5-6）：1260-1267.

[9] Li W S，Chang Y K，Nieto J J. Solvability of impulsive neutral evolution differential inclusions with state-dependent delay. Mathematical and Computer Modelling，2009，49（9-10）：1920-1927.

[10] Hale J K，Kato J. Phase space for retarded equations with infinite delay. Funkcial.Ekvac.，1978，21：11-41.

[11] Balachandran K，Park J Y. Controllability of fractional integrodifferential systems in Banach spaces. Nonlinear Analysis：Hybrid Systems，2009，3（4）：363-367.

[12] Bonilla B，Rivero M，Rodriguez G L. Fractional differential equations as alternative models to nonlinear differential equations. Applied Mathematics and Computation，2007，187（1）：79-88.

[13] El-Sayeed M A A. Fractional order diffusion wave equation. International Journal of Theoretical Physics，1966，35（2）：311-322.

[14] Chang Y K. Controllability of impulsive functional differential systems with infinite delay in Banach spaces. Chaos，Solitons and Fractals，2007，33（5）：1601-1609.

[15] Liu B. Controllability of impulsive neutral functional differential inclusions with infinite delay. Nonlinear Analysis，2005，60（8）：1533-1552.

[16] Lasota A，Opial Z. Application of the Kakutani-Ky-Fan theorem in the theory of ordinary differential equations or noncompact acyclic-valued map. Bull.Acad. Polon.Sci.Ser.Sci.Math.Astronom.Phys.，1965，13：781-786.

[17] Miller K S，Ross B. An introduction to the fractional calculus and fractional differential equations. New York：Wiley，1993.

[18] Granas A，Dugundji J. Fixed point theory. New York：Springer-Verlag，2003.

[19] Park J Y. Controllability of impulsive neutral integrodifferential systems with infinite delay in Banach spaces. Nonlinear Analysis：Hybrid Systems，2009，3（3）：184-194.

[20] Chang Y K，Li W T，Nieto J J. Controllability of evolution differential inclusions in Banach spaces. Nonlinear Analysis，2007，67（2）：623-632.

[21] Dhage B C，Boucherif A，Ntouyas S K. On periodic boundary value problems of first-order perturbed impulsive differential inclusions. Electronic Journal of Differential Equations，2004，84：1-9.

[22] Tai Z X，Wang X C. Controllability of fractional impulsive neutral functional integrodifferential inclusions with infinite delay in Banach spaces. International Conference on Control，Automation，Robotics and vision，Singapore，7-10th December，2010：518-522.

[23] Tai Z X，Wang X C. Controllability of fractional impulsive neutral evolution integrodifferential inclusions with state-dependent delay in Banach space. ICIC Express Letters，2011，5（2）：447-454.

第 4 章　非线性无穷维系统的稳定性与耗散性研究：无穷维模糊 T-S 模型方法

4.1　引　　言

本章以及下一章将讨论第二类无穷维系统，即由偏微分方程描述的无穷维系统。针对线性无穷维系统的稳定性分析，Fridman 提出了统一框架[1]：首先将线性无穷维系统转化为 Hilbert 空间上的线性系统，利用线性算子不等式，给出相应系统的稳定性条件，其中决策变量为 Hilbert 空间上的算子；然后，将线性算子不等式应用于热传导方程和波动方程，转化为可数值求解的有穷维线性矩阵不等式。本章将由常微分方程描述的有穷维非线性系统控制问题的模糊 T-S 模型方法推广到由偏微分方程描述的无穷维非线性控制问题中，提出了无穷维模糊 T-S 模型方法。依据模糊 T-S 模型对非线性动态系统的万能逼近理论[2,3]，针对非线性无穷维系统，建立由线性偏微分方程描述的动态 T-S 模糊系统，利用线性算子不等式，分析无穷维模糊 T-S 系统的稳定性。

目前，绝大多数无穷维系统的分布参数都为实值情形，本章将量子力学中的复值系统[4]推广到非线性无穷维复值参数系统，结合无穷维模糊 T-S 模型方法，讨论相应系统的稳定性与耗散性问题。

4.2　非线性双曲型无穷维复值参数系统的指数稳定性

4.2.1　系统描述和预备知识

考虑下列非线性双曲型无穷维复值参数系统：

$$
\begin{aligned}
w_{tt}(x,t) = {} & a_0 w_{xx}(x,t) - \mathrm{i}a_1 w_x(x,t) - \mathrm{i}a_2 w(x,t) - \mu_0 w_t(x,t) - a_3 w(x,t-h) \\
& - \mu_1 w_t(x,t-h) + \mathrm{i}b_0 w_t(x,t)\cdot w_{xx}(x,t) - b_1 w_t(x,t-h)\cdot w_x(x,t)
\end{aligned}
$$

$$+\delta_1 w(x,t-h)\cdot w_t(x,t-h) \tag{4.1}$$

其中 Dirichlet 边界条件 $w(0,t)=w(\pi,t)=0$，初始条件 $w(x,t)=\phi(x,t)$, $t\in[-h,0]$，$w(x,t)$ 为复值状态，i 为虚单位，$a_0>0,\ a_1<0$。

下面利用 T-S 模糊双曲型偏微分方程（partial differential equation，PDE）模型，准确表示非线性双曲型无穷维复值参数系统（4.1）。

令前提变量 $y_1(x,t):=w(x,t),\ \ y_2(x,t):=w_t(x,t)$，假设 $\|y_1(x,t)\|_{L_2}\in[\sqrt{\theta_1},\sqrt{\theta_2}]$，$\|y_2(x,t)\|_{L_2}\in[\sqrt{\theta_3},\sqrt{\theta_4}]$，因而前提变量 y_1 和 y_2 可以表示为

$$y_1=F_{11}(y_1)\left(\mathrm{i}\sqrt{\frac{\theta_1}{\pi}}\right)+F_{21}(y_1)\left(-\mathrm{i}\sqrt{\frac{\theta_2}{\pi}}\right) \tag{4.2}$$

$$y_2=F_{12}(y_2)\left(\mathrm{i}\sqrt{\frac{\theta_3}{\pi}}\right)+F_{22}(y_2)\left(-\mathrm{i}\sqrt{\frac{\theta_4}{\pi}}\right) \tag{4.3}$$

式中，$F_{11}(y_1)$、$F_{21}(y_1)$、$F_{12}(y_2)$ 及 $F_{22}(y_2)\in[0,1]$ 分别表示为 y_1 隶属于模糊集 F_{11}、y_1 隶属于模糊集 F_{21}、y_2 隶属于模糊集 F_{12} 以及 y_2 隶属于模糊集 F_{22} 的隶属度；此外

$$F_{11}(y_1)+F_{21}(y_1)=1,\ F_{12}(y_2)+F_{22}(y_2)=1 \tag{4.4}$$

因而模糊集的隶属度函数为

$$F_{11}(y_1)=\frac{y_1+\mathrm{i}\sqrt{\dfrac{\theta_2}{\pi}}}{\mathrm{i}\sqrt{\dfrac{\theta_1}{\pi}}+\mathrm{i}\sqrt{\dfrac{\theta_2}{\pi}}},\ F_{21}(y_1)=1-F_{11}(y_1)$$

$$F_{12}(y_2)=\frac{y_2+\mathrm{i}\sqrt{\dfrac{\theta_4}{\pi}}}{\mathrm{i}\sqrt{\dfrac{\theta_3}{\pi}}+\mathrm{i}\sqrt{\dfrac{\theta_4}{\pi}}},\ F_{22}(y_2)=1-F_{12}(y_2)$$

系统（4.1）的 T-S 模糊双曲型 PDE 模型表示如下。

规则 1 如果 y_1 隶属于模糊集 F_{11} 且 y_2 隶属于模糊集 F_{12}，则 $\dot{\xi}(t)=\boldsymbol{A}_1\xi(t)+\boldsymbol{B}_1\xi(t-h)$；

规则 2 如果 y_1 隶属于模糊集 F_{11} 且 y_2 隶属于模糊集 F_{22}，则 $\dot{\xi}(t)=\boldsymbol{A}_2\xi(t)+\boldsymbol{B}_2\xi(t-h)$；

规则 3 如果 y_1 隶属于模糊集 F_{21} 且 y_2 隶属于模糊集 F_{12}，则 $\dot{\xi}(t)=\boldsymbol{A}_3\xi(t)+\boldsymbol{B}_3\xi(t-h)$；

规则 4 如果 y_1 隶属于模糊集 F_{21} 且 y_2 隶属于模糊集 F_{22}，则 $\dot{\xi}(t)=\boldsymbol{A}_4\xi(t)+\boldsymbol{B}_4\xi(t-h)$。

式中

$$\xi(t):=\begin{bmatrix} w(x,t) \\ w_t(x,t) \end{bmatrix}\in H:=\{w\in C((0,\pi)\times(0,\infty),C),$$

$$|w|\in W^{2,2}((0,\pi),R)\ \text{s.t.}\ w(0,t)=w(\pi,t)=0\}$$

$$\boldsymbol{A}_1:=\begin{bmatrix} 0 & 1 \\ \left(a_0-b_0\sqrt{\dfrac{\theta_3}{\pi}}\right)\nabla^2-\mathrm{i}\left(a_1+b_1\sqrt{\dfrac{\theta_3}{\pi}}\right)\nabla-\mathrm{i}a_2 & -\mu_0 \end{bmatrix},$$

$$\boldsymbol{B}_1:=\begin{bmatrix} 0 & 0 \\ -a_3 & -\left(\mu_1-\mathrm{i}\delta_1\sqrt{\dfrac{\theta_1}{\pi}}\right) \end{bmatrix}$$

$$\boldsymbol{A}_2:=\begin{bmatrix} 0 & 1 \\ \left(a_0+b_0\sqrt{\dfrac{\theta_4}{\pi}}\right)\nabla^2-\mathrm{i}\left(a_1-b_1\sqrt{\dfrac{\theta_4}{\pi}}\right)\nabla-\mathrm{i}a_2 & -\mu_0 \end{bmatrix},$$

$$\boldsymbol{B}_2:=\begin{bmatrix} 0 & 0 \\ -a_3 & -\left(\mu_1-\mathrm{i}\delta_1\sqrt{\dfrac{\theta_1}{\pi}}\right) \end{bmatrix}$$

$$\boldsymbol{A}_3:=\begin{bmatrix} 0 & 1 \\ \left(a_0-b_0\sqrt{\dfrac{\theta_3}{\pi}}\right)\nabla^2-\mathrm{i}\left(a_1+b_1\sqrt{\dfrac{\theta_3}{\pi}}\right)\nabla-\mathrm{i}a_2 & -\mu_0 \end{bmatrix},$$

$$\boldsymbol{B}_3 := \begin{bmatrix} 0 & 0 \\ -a_3 & -\left(\mu_1 + \mathrm{i}\delta_1\sqrt{\dfrac{\theta_2}{\pi}}\right) \end{bmatrix}$$

$$\boldsymbol{A}_4 := \begin{bmatrix} 0 & 1 \\ \left(a_0 + b_0\sqrt{\dfrac{\theta_4}{\pi}}\right)\nabla^2 - \mathrm{i}\left(a_1 - b_1\sqrt{\dfrac{\theta_4}{\pi}}\right)\nabla - \mathrm{i}a_2 & -\mu_0 \end{bmatrix},$$

$$\boldsymbol{B}_4 := \begin{bmatrix} 0 & 0 \\ -a_3 & -\left(\mu_1 + \mathrm{i}\delta_1\sqrt{\dfrac{\theta_2}{\pi}}\right) \end{bmatrix}$$

因此，整体模糊双曲型 PDE 模型为

$$\dot{\xi}(t) = \sum_{i=1}^{4} h_i(y)\left[\boldsymbol{A}_i\xi(t) + \boldsymbol{B}_i\xi(t-h)\right] \tag{4.5}$$

式中，$\boldsymbol{y}(x,t) := \left[y_1(x,t),\, y_2(x,t)\right]^{\mathrm{T}}$ 以及 $h_i(y) = \dfrac{\mu_i(y)}{\sum_{i=1}^{4}\mu_i(y)},\, i \in \{1, 2, 3, 4\}$

$$\mu_1(y) = F_{11}(y_1)F_{12}(y_2),\ \mu_2(y) = F_{11}(y_1)F_{22}(y_2)$$
$$\mu_3(y) = F_{21}(y_1)F_{12}(y_2),\ \mu_4(y) = F_{21}(y_1)F_{22}(y_2)$$

为给出本小节的主要结果，引入下面两个有用的引理。

引理 4.1 下列不等式成立：

$$\left\langle w(x,t), \mathrm{i}\nabla w(x,t)\right\rangle \leqslant \frac{1}{2}\left(\left\langle w(x,t), w(x,t)\right\rangle - \left\langle w(x,t), \nabla^2 w(x,t)\right\rangle\right)$$

证明 利用 Cauchy 不等式以及算子 $\mathrm{i}\nabla$ 的自伴性，有

$$\begin{aligned}\left\langle w(x,t), \mathrm{i}\nabla w(x,t)\right\rangle &\leqslant \|w(x,t)\|\cdot\|\mathrm{i}\nabla w(x,t)\| \\ &\leqslant \frac{1}{2}\left(\|w(x,t)\|^2 + \|\mathrm{i}\nabla w(x,t)\|^2\right) \\ &\leqslant \frac{1}{2}\left(\left\langle w(x,t), w(x,t)\right\rangle + \left\langle \mathrm{i}\nabla w(x,t), \mathrm{i}\nabla w(x,t)\right\rangle\right) \\ &\leqslant \frac{1}{2}\left(\left\langle w(x,t), w(x,t)\right\rangle + \left\langle w(x,t), (\mathrm{i}\nabla)^*(\mathrm{i}\nabla) w(x,t)\right\rangle\right) \\ &\leqslant \frac{1}{2}\left(\left\langle w(x,t), w(x,t)\right\rangle - \left\langle w(x,t), \nabla^2 w(x,t)\right\rangle\right)\end{aligned}$$

引理 4.2 下列不等式成立：

$$\left\langle w(x,t), \nabla^2 w(x,t)\right\rangle \leqslant -\frac{1}{2}\left\langle w(x,t), w(x,t)\right\rangle$$

证明 令 $w(x,t)=a(x,t)+\mathrm{i}b(x,t)$，有

$$\begin{aligned}
\left(\frac{\partial}{\partial x}|w(x,t)|\right)^2 &= \frac{a^2(x,t)a_x^2(x,t)}{a^2(x,t)+b^2(x,t)}+\frac{2a(x,t)a_x(x,t)\cdot b(x,t)b_x(x,t)}{a^2(x,t)+b^2(x,t)} \\
&\quad +\frac{b^2(x,t)b_x^2(x,t)}{a^2(x,t)+b^2(x,t)} \\
&\leqslant \frac{2\left(a^2(x,t)a_x^2(x,t)+b^2(x,t)b_x^2(x,t)\right)}{a^2(x,t)+b^2(x,t)} \\
&\leqslant \frac{2\left(a^2(x,t)+b^2(x,t)\right)\cdot\left(a_x^2(x,t)+b_x^2(x,t)\right)}{a^2(x,t)+b^2(x,t)} \\
&= 2|w_x(x,t)|^2
\end{aligned} \tag{4.6}$$

因此，对任意 $w\in H$，有

$$\begin{aligned}
\left\langle w(x,t), \nabla^2 w(x,t)\right\rangle &= -\int_0^{\pi}\left|w_x(x,t)\right|^2\mathrm{d}x \\
&\leqslant -\frac{1}{2}\int_0^{\pi}\left(\frac{\partial}{\partial x}\left|w(x,t)\right|\right)^2\mathrm{d}x \\
&\leqslant -\frac{1}{2}\int_0^{\pi}\left|w(x,t)\right|^2\mathrm{d}x \\
&= -\frac{1}{2}\left\langle w(x,t), w(x,t)\right\rangle
\end{aligned} \tag{4.7}$$

4.2.2 无穷维 Hilbert 空间上指数稳定性

引理 4.3 给定标量 $h>0$，如果存在线性模糊算子 $\boldsymbol{P}_{\text{fuzzy}}>0$，$\boldsymbol{Q}_{\text{fuzzy}}>0$ 以及正常数 $\alpha>0$ 满足不等式 $\left\langle \xi(t), \boldsymbol{P}_{\text{fuzzy}}\xi(t)\right\rangle \geqslant \alpha\left\langle \xi(t), \xi(t)\right\rangle$，使得下列线性模糊算子不等式

$$\boldsymbol{\Xi}_i := \begin{bmatrix} (\boldsymbol{A}_i + \beta\boldsymbol{I})^* \boldsymbol{P}_{\text{fuzzy}} + \boldsymbol{P}_{\text{fuzzy}}(\boldsymbol{A}_i + \beta\boldsymbol{I}) + \boldsymbol{Q}_{\text{fuzzy}} & \boldsymbol{P}_{\text{fuzzy}}\boldsymbol{B}_i \\ * & -\mathrm{e}^{-2\beta h}\boldsymbol{Q}_{\text{fuzzy}} \end{bmatrix} < 0,$$

$$i = \{1, 2, 3, 4\} \tag{4.8}$$

在复 Hilbert 空间 $H \times H$ 中成立，则整体模糊系统（4.5）以衰减率 $\beta > 0$ 在复 Hilbert 空间 H 中指数稳定。

证明 选取复 Hilbert 空间上下列 Lyapunov-Krasovskii 泛函：

$$V(t) = \left\langle \xi(t), \boldsymbol{P}_{\text{fuzzy}}\xi(t) \right\rangle + \int_{-h}^{0} \mathrm{e}^{2\beta\theta} \left\langle \xi(t+\theta), \boldsymbol{Q}_{\text{fuzzy}}\xi(t+\theta) \right\rangle \mathrm{d}\theta \tag{4.9}$$

沿模糊系统（4.5）的状态轨迹，相对于时间 t，微分式（4.9）中的 Lyapunov-Krasovskii 泛函 V（t），有

$$\begin{aligned}\dot{V}(t) + 2\beta V(t) = \sum_{i=1}^{4} h_i(y) \Bigg\langle &\begin{bmatrix} \xi(t) \\ \xi(t-h) \end{bmatrix}, \\ &\begin{bmatrix} (\boldsymbol{A}_i + \beta\boldsymbol{I})^* \boldsymbol{P}_{\text{fuzzy}} + \boldsymbol{P}_{\text{fuzzy}}(\boldsymbol{A}_i + \beta\boldsymbol{I}) + \boldsymbol{Q}_{\text{fuzzy}} & \boldsymbol{P}_{\text{fuzzy}}\boldsymbol{B}_i \\ * & -\mathrm{e}^{-2\beta h}\boldsymbol{Q}_{\text{fuzzy}} \end{bmatrix} \\ &\times \begin{bmatrix} \xi(t) \\ \xi(t-h) \end{bmatrix} \Bigg\rangle \end{aligned} \tag{4.10}$$

鉴于式（4.8），有 $\dot{V}(t) + 2\beta V(t) \leqslant 0$，从而下列不等式成立：

$$\alpha \|w(x,t)\|^2 \leqslant \left\langle \xi(t), \boldsymbol{P}_{\text{fuzzy}}\xi(t) \right\rangle \leqslant V(t) \leqslant \mathrm{e}^{-2\beta t} V(\varphi)$$

于是 $\|w(x,t)\| \leqslant \dfrac{1}{\sqrt{\alpha}} \mathrm{e}^{-\beta t} \sqrt{V(\phi)}$，证毕。

注释 4.1 模糊算子 $\boldsymbol{P}_{\text{fuzzy}}$ 与 $\boldsymbol{Q}_{\text{fuzzy}}$ 分别取值于确定性算子集合 $\{\boldsymbol{P}_i, i = 1, 2, 3, 4\}$ 与 $\{\boldsymbol{Q}_i, i = 1, 2, 3, 4\}$，其中确定性算子对 $(\boldsymbol{P}_i, \boldsymbol{Q}_i)$ 分别对应于整体模糊系统（4.5）的子系统算子对 $(\boldsymbol{A}_i, \boldsymbol{B}_i)$。

根据引理4.3，选取模糊算子 $\boldsymbol{P}_{\text{fuzzy}} := \sum_{j=1}^{4} h_j(y)\boldsymbol{P}_j$、$\boldsymbol{Q}_{\text{fuzzy}} := \sum_{j=1}^{4} h_j(y)\boldsymbol{Q}_j$，有下列引理。

引理 4.4 给定标量 $h > 0$，如果存在线性确定性算子 $\boldsymbol{P}_j > 0$，$\boldsymbol{Q}_j > 0$（$j = \{1, 2, 3, 4\}$），使得下列线性算子不等式（linear operator inequalities，LOI)：

$$
\begin{aligned}
&\boldsymbol{G}_{ii}<0,\\
&\boldsymbol{G}_{12}+\boldsymbol{G}_{21}<0, \boldsymbol{G}_{34}+\boldsymbol{G}_{43}<0,\\
&\boldsymbol{G}_{13}+\boldsymbol{G}_{31}<0, \boldsymbol{G}_{24}+\boldsymbol{G}_{42}<0,\\
&\boldsymbol{G}_{32}+\boldsymbol{G}_{23}<0, \boldsymbol{G}_{14}+\boldsymbol{G}_{41}<0
\end{aligned} \tag{4.11}
$$

成立，则整体模糊系统（4.5）以衰减率$\beta>0$在复 Hilbert 空间H中指数稳定，其中

$$
\boldsymbol{G}_{ij}:=\begin{bmatrix}\left(\boldsymbol{A}_i+\beta\boldsymbol{I}\right)^*\boldsymbol{P}_j+\boldsymbol{P}_j\left(\boldsymbol{A}_i+\beta\boldsymbol{I}\right)+\boldsymbol{Q}_j & \boldsymbol{P}_j\boldsymbol{B}_i\\ * & -\mathrm{e}^{-2\beta h}\boldsymbol{Q}_j\end{bmatrix}
$$

证明　鉴于等式（4.10），有

$$
\begin{aligned}
\dot{V}(t)+2\beta V(t)=\sum_{i=1}^{4}\sum_{j=1}^{4}h_i(y)h_j(y)\Bigg\langle&\begin{bmatrix}\xi(t)\\ \xi(t-h)\end{bmatrix},\\
&\begin{bmatrix}\left(\boldsymbol{A}_i+\beta\boldsymbol{I}\right)^*\boldsymbol{P}_j+\boldsymbol{P}_j\left(\boldsymbol{A}_i+\beta\boldsymbol{I}\right)+\boldsymbol{Q}_j & \boldsymbol{P}_j\boldsymbol{B}_i\\ * & -\mathrm{e}^{-2\beta h}\boldsymbol{Q}_j\end{bmatrix}\\
&\times\begin{bmatrix}\xi(t)\\ \xi(t-h)\end{bmatrix}\Bigg\rangle
\end{aligned} \tag{4.12}
$$

结合式（4.11），证毕。

利用引理 4.1～引理 4.3 以及引理 4.4，给出本小节的主要结果。

定理 4.1　给定标量$\beta>0$，如果存在标量$q_{01},q_{02},q_{03}>0, p_1>0$以及正定实值矩阵$\boldsymbol{Q}_i>0\ (i\in\{1,2,3,4\})$，使得下列线性矩阵不等式（linear matrix inequalities，LMI）成立：

$$
\begin{aligned}
&\overline{a}_0^{(i)}>0,\ \overline{a}_1^{(i)}>0,\ -\overline{a}_0^{(i)}-\frac{1}{2}\overline{a}_1^{(i)}<0\\
&q_{02}-q_{03}\beta>0,\ 2p_1\beta+\overline{a}_1^{(i)}(q_{02}-q_{03}\beta)>0,\ \overline{a}_0^{(i)}(q_{02}-q_{03}\beta)-p_1\beta>0
\end{aligned} \tag{4.13}
$$

$$
\boldsymbol{\Gamma}^{(i)}:=\begin{bmatrix}\frac{1}{2}\overline{a}_0^{(i)}q_{03}+\frac{3}{4}\overline{a}_1^{(i)}q_{03} & 0\\ 0 & 0\end{bmatrix}+\begin{bmatrix}q_{01} & q_{02}\\ q_{02} & q_{03}\end{bmatrix}>0
$$

$$\boldsymbol{\Xi}^{(i)} := \mathrm{Re}\begin{bmatrix} \hat{\boldsymbol{Q}}^{(i)}\hat{\boldsymbol{A}}^{(i)} + \left(\hat{\boldsymbol{Q}}^{(i)}\hat{\boldsymbol{A}}^{(i)}\right)^H + \boldsymbol{Q}_i & \hat{\boldsymbol{B}}^{(i)} \\ * & -\mathrm{e}^{-2\beta h}\boldsymbol{Q}_i \end{bmatrix} < 0 \quad (4.14)$$

式中

$$\hat{\boldsymbol{Q}}^{(i)} := \begin{bmatrix} q_{01} + \frac{1}{2}\overline{a}_0^{(i)}q_{03} + \frac{3}{4}\overline{a}_1^{(i)}q_{03} & q_{02} \\ q_{02} - \mathrm{i}\frac{a_2 q_{03}}{\beta} & q_{03} \end{bmatrix}$$

$$\hat{\boldsymbol{A}}^{(i)} := \begin{bmatrix} \beta & 1 \\ -\frac{1}{2}\overline{a}_0^{(i)} - \frac{3}{4}\overline{a}_1^{(i)} & \beta - \mu_0 \end{bmatrix},\ \hat{\boldsymbol{B}}^{(i)} := \hat{\boldsymbol{Q}}^{(i)}\boldsymbol{B}_i\ (i = 1, 2, 3, 4)$$

$$\overline{a}_0^{(i)} := a_0 - b_0\sqrt{\frac{\theta_3}{\pi}},\ \overline{a}_1^{(i)} := a_1 + b_1\sqrt{\frac{\theta_3}{\pi}}\ (i = 1, 3)$$

$$\overline{a}_0^{(i)} := a_0 + b_0\sqrt{\frac{\theta_4}{\pi}},\ \overline{a}_1^{(i)} := a_1 - b_1\sqrt{\frac{\theta_4}{\pi}}\ (i = 2, 4)$$

则模糊子系统 $(\boldsymbol{A}_i, \boldsymbol{B}_i)$ 以衰减率 $\beta > 0$ 指数稳定的。

证明 选取算子

$$\boldsymbol{P}_i := \begin{bmatrix} q_{01} - (\overline{a}_0^{(i)}q_{03} + p_1)\nabla^2 + \mathrm{i}\overline{a}_1^{(i)}q_{03}\nabla + p_1\nabla^2 & q_{02} \\ q_{02} & q_{03} \end{bmatrix},\quad \boldsymbol{Q}_i > 0 \quad (4.15)$$

下面分几步加以证明。

第 1 步：欲证算子 $\boldsymbol{P}_i$ 为自伴正定算子。利用引理 4.1、引理 4.2 以及不等式（4.13），有

$$\begin{aligned} &\left\langle w(x,t), -\overline{a}_0^{(i)}q_{03}\nabla^2 w(x,t)\right\rangle + \left\langle w(x,t), \mathrm{i}\overline{a}_1^{(i)}q_{03}\nabla w(x,t)\right\rangle \\ \geqslant &\left(-\overline{a}_0^{(i)}q_{03} - \frac{\overline{a}_1^{(i)}q_{03}}{2}\right)\left\langle w(x,t), \nabla^2 w(x,t)\right\rangle + \frac{\overline{a}_1^{(i)}q_{03}}{2}\left\langle w(x,t), w(x,t)\right\rangle \\ \geqslant &\left(-\frac{1}{2}\right)\left(-\overline{a}_0^{(i)}q_{03} - \frac{\overline{a}_1^{(i)}q_{03}}{2}\right)\left\langle w(x,t), w(x,t)\right\rangle + \frac{\overline{a}_1^{(i)}q_{03}}{2}\left\langle w(x,t), w(x,t)\right\rangle \end{aligned} \quad (4.16)$$

从而有

$$\langle \xi(t), \boldsymbol{P}_i \xi(t) \rangle \geqslant \left\langle \begin{bmatrix} w(x,t) \\ w_t(x,t) \end{bmatrix}, \right.$$

$$\left. \left(\begin{bmatrix} \frac{1}{2}\overline{a}_0^{(i)} q_{03} + \frac{3}{4}\overline{a}_1^{(i)} q_{03} & 0 \\ 0 & 0 \end{bmatrix} + \begin{bmatrix} q_{01} & q_{02} \\ q_{02} & q_{03} \end{bmatrix} \right) \begin{bmatrix} w(x,t) \\ w_t(x,t) \end{bmatrix} \right\rangle \quad (4.17)$$

鉴于 LMI 式（4.14），证毕。

第 2 步：利用引理 4.1、引理 4.2 以及不等式（4.13），有

$$\begin{aligned} &\left\langle w(x,t), \left(-\mathrm{i}\overline{a}_1^{(i)}(q_{02} - q_{03}\beta)\nabla + p_1\beta\nabla^2\right) w(x,t) \right\rangle \\ &= \left\langle w(x,t), \left(-\mathrm{i}\overline{a}_1^{(i)}(q_{02} - q_{03}\beta)\nabla\right) w(x,t) \right\rangle + \left\langle w(x,t), p_1\beta\nabla^2 w(x,t) \right\rangle \\ &\leqslant \frac{1}{2}\Big(-\overline{a}_1^{(i)}(q_{02} - q_{03}\beta)\langle w(x,t), w(x,t)\rangle \\ &\quad + \left(2p_1\beta + \overline{a}_1^{(i)}(q_{02} - q_{03}\beta)\right)\left\langle w(x,t), \nabla^2 w(x,t)\right\rangle\Big) \\ &\leqslant \frac{1}{2}\left(-p_1\beta - \frac{3}{2}\overline{a}_1^{(i)}(q_{02} - q_{03}\beta)\right)\langle w(x,t), w(x,t)\rangle \end{aligned} \quad (4.18)$$

从而根据 LMI 式（4.14），有

$$\begin{aligned} &\left\langle \begin{bmatrix} \xi(t) \\ \xi(t-h) \end{bmatrix}, \boldsymbol{G}_{ii} \begin{bmatrix} \xi(t) \\ \xi(t-h) \end{bmatrix} \right\rangle \\ &\leqslant \left\langle \begin{bmatrix} \xi(t) \\ \xi(t-h) \end{bmatrix}, \begin{bmatrix} \hat{\boldsymbol{Q}}^{(i)}\hat{\boldsymbol{A}}^{(i)} + \left(\hat{\boldsymbol{Q}}^{(i)}\hat{\boldsymbol{A}}^{(i)}\right)^H + \boldsymbol{Q}_i & \hat{\boldsymbol{B}}^{(i)} \\ * & -\mathrm{e}^{-2\beta h}\boldsymbol{Q}_i \end{bmatrix} \begin{bmatrix} \xi(t) \\ \xi(t-h) \end{bmatrix} \right\rangle \\ &\leqslant 0 \end{aligned} \quad (4.19)$$

证毕。

利用定理 4.1 以及引理 4.4，有下列定理结果。

定理 4.2 给定标量 $\beta > 0$，如果存在标量 $q_{01}, q_{02}, q_{03} > 0, p_1 > 0$ 以及正定实值矩阵 $\boldsymbol{Q}_i > 0\ (i \in \{1, 2, 3, 4\})$，使得下列 LMI 成立：

$$
\begin{cases}
\boldsymbol{\Gamma}^{(i)} := \begin{bmatrix} \frac{1}{2}\overline{a}_0^{(i)} q_{03} + \frac{3}{4}\overline{a}_1^{(i)} q_{03} & 0 \\ 0 & 0 \end{bmatrix} + \begin{bmatrix} q_{01} & q_{02} \\ q_{02} & q_{03} \end{bmatrix} > 0,\ i \in \{1,2,3,4\} \\
\begin{cases}
-\overline{a}_0^{(i,j)} - \frac{1}{2}\overline{a}_1^{(i,j)} < 0,\ \overline{a}_0^{(i,j)} > 0,\ \overline{a}_1^{(i,j)} < 0,\ q_{02} - q_{03}\beta > 0 \\
2p_1\beta + \overline{a}_1^{(i,j)}(q_{02} - q_{03}\beta) > 0,\ \overline{a}_0^{(i,j)}(q_{02} - q_{03}\beta) - p_1\beta > 0 \\
\boldsymbol{\Xi}^{(i,j)} := \mathrm{Re}\begin{bmatrix} 2\left(\hat{\boldsymbol{Q}}^{(i,j)}\hat{\boldsymbol{A}}^{(i,j)} + \left(\hat{\boldsymbol{Q}}^{(i,j)}\hat{\boldsymbol{A}}^{(i,j)}\right)^H\right) + \boldsymbol{Q}_i + \boldsymbol{Q}_j & \hat{\boldsymbol{Q}}^{(i,j)}\left(\boldsymbol{B}_i + \boldsymbol{B}_j\right) \\ * & -\mathrm{e}^{-2\beta h}\left(\boldsymbol{Q}_i + \boldsymbol{Q}_j\right) \end{bmatrix} < 0 \\
\left(i, j \in \{1,2,3,4\}, i \leqslant j\right)
\end{cases}
\end{cases}
\tag{4.20}
$$

式中

$$
\hat{\boldsymbol{Q}}^{(i,j)} := \begin{bmatrix} q_{01} + \frac{1}{2}\overline{a}_0^{(i,j)} q_{03} + \frac{3}{4}\overline{a}_1^{(i,j)} q_{03} & q_{02} \\ q_{02} - \mathrm{i}\frac{a_2 q_{03}}{\beta} & q_{03} \end{bmatrix},
$$

$$
\hat{\boldsymbol{A}}^{(i,j)} := \begin{bmatrix} \beta & 1 \\ -\frac{1}{2}\overline{a}_0^{(i,j)} - \frac{3}{4}\overline{a}_1^{(i,j)} & \beta - \mu_0 \end{bmatrix}
$$

$$
\overline{a}_0^{(i,j)} := \frac{\overline{a}_0^{(i)} + \overline{a}_0^{(j)}}{2},\quad \overline{a}_1^{(i,j)} := \frac{\overline{a}_1^{(i)} + \overline{a}_1^{(j)}}{2}
$$

则非线性双曲型无穷维复值参数系统(4.1)以衰减率 $\beta > 0$ 指数稳定的。

注释 4.2 针对具有如下系数

$$
\begin{gathered}
a_0 = 30,\ a_1 = -0.12,\ a_2 = 3 \\
a_3 = -1.5,\ \mu_0 = 20,\ \mu_1 = -0.2 \\
\delta_1 = -2,\ b_0 = 1.2,\ b_1 = -0.03 \\
\theta_1 = 0.2,\ \theta_2 = 3,\ \theta_3 = 2,\ \theta_4 = 4
\end{gathered}
$$

的非线性双曲型无穷维复值参数系统(4.1)，根据定理 4.2，该系统(4.1)以衰减率 $\beta = 0.6$ 和最大时滞 $h_{\max} = 1.1632$ 指数稳定的。

4.3 非线性抛物型无穷维复值参数系统的耗散性

4.3.1 系统描述和预备知识

考虑下列非线性抛物型无穷维复值参数系统：

$$\begin{cases} w_t(x,t)=a_0w_{xx}(x,t)-\mathrm{i}a_1w_x(x,t)-a_2w(x,t-h(t))+\mathrm{d}u(x,t) \\ \qquad +\mathrm{i}b_0w(x,t)\cdot w_{xx}(x,t)-b_1w(x,t-h(t))\cdot w_x(x,t) \\ y(x,t)=ew(x,t) \end{cases} \tag{4.21}$$

其中 Dirichlet 边界条件 $w(0,t)=w(\pi,t)=0$，初始条件 $w(x,t)=\phi(x,t), t\in[-h,0]$，参数 $a_0>0, a_1<0, a_2, d, b_0, b_1$ 以及 e 为常值系数，$w(x,t)$ 为复值状态，i 为虚单位，$h(t)$ 表示满足 $0\leqslant h(t)\leqslant h,\ \dot{h}(t)\leqslant d_1<\infty$ 的时变时滞。

下面利用 T-S 模糊抛物型 PDE 模型，准确表示非线性抛物型无穷维复值参数系统（4.21）。

令前提变量 $y_1(x,t):=w(x,t),\quad y_2(x,t):=w_t(x,t)$，假设 $\|y_1(x,t)\|_{L_2}\in[\sqrt{\theta_1},\sqrt{\theta_2}]$，$\|y_2(x,t)\|_{L_2}\in[\sqrt{\theta_3},\sqrt{\theta_4}]$，因而前提变量 y_1 和 y_2 可以表示为

$$y_1=F_{11}(y_1)\left(\mathrm{i}\sqrt{\frac{\theta_1}{\pi}}\right)+F_{21}(y_1)\left(-\mathrm{i}\sqrt{\frac{\theta_2}{\pi}}\right) \tag{4.22}$$

$$y_2=F_{12}(y_2)\left(\mathrm{i}\sqrt{\frac{\theta_3}{\pi}}\right)+F_{22}(y_2)\left(-\mathrm{i}\sqrt{\frac{\theta_4}{\pi}}\right) \tag{4.23}$$

式中，$F_{11}(y_1)$、$F_{21}(y_1)$、$F_{12}(y_2)$ 及 $F_{22}(y_2)\in[0,1]$ 分别表示为 y_1 隶属于模糊集 F_{11}、y_1 隶属于模糊集 F_{21}、y_2 隶属于模糊集 F_{12} 以及 y_2 隶属于模糊集 F_{22} 的隶属度；此外

$$F_{11}(y_1)+F_{21}(y_1)=1,\ \ F_{12}(y_2)+F_{22}(y_2)=1 \tag{4.24}$$

因而模糊集的隶属度函数为

$$F_{11}(y_1)=\frac{y_1+\mathrm{i}\sqrt{\dfrac{\theta_2}{\pi}}}{\mathrm{i}\sqrt{\dfrac{\theta_1}{\pi}}+\mathrm{i}\sqrt{\dfrac{\theta_2}{\pi}}},\quad F_{21}(y_1)=1-F_{11}(y_1)$$

$$F_{12}(y_2)=\frac{y_2+\mathrm{i}\sqrt{\dfrac{\theta_4}{\pi}}}{\mathrm{i}\sqrt{\dfrac{\theta_3}{\pi}}+\mathrm{i}\sqrt{\dfrac{\theta_4}{\pi}}},\quad F_{22}(y_2)=1-F_{12}(y_2)$$

系统（4.21）的 T-S 模糊抛物型 PDE 模型表示如下。

规则 1 如果 y_1 隶属于模糊集 F_{11} 且 y_2 隶属于模糊集 F_{12}，则 $\dot{\xi}(t)=A_1\xi(t)+B_1\xi(t-h)+D\boldsymbol{u}(t),\ \boldsymbol{y}(t)=E\xi(t)$；

规则 2 如果 y_1 隶属于模糊集 F_{11} 且 y_2 隶属于模糊集 F_{22}，则 $\dot{\xi}(t)=A_2\xi(t)+B_2\xi(t-h)+D\boldsymbol{u}(t),\ \boldsymbol{y}(t)=E\xi(t)$；

规则 3 如果 y_1 隶属于模糊集 F_{21} 且 y_2 隶属于模糊集 F_{12}，则 $\dot{\xi}(t)=A_3\xi(t)+B_3\xi(t-h)+D\boldsymbol{u}(t),\ \boldsymbol{y}(t)=E\xi(t)$；

规则 4 如果 y_1 隶属于模糊集 F_{21} 且 y_2 隶属于模糊集 F_{22}，则 $\dot{\xi}(t)=A_4\xi(t)+B_4\xi(t-h)+D\boldsymbol{u}(t),\ \boldsymbol{y}(t)=E\xi(t)$。

式中

$$\xi(t):=w(x,t)\in H:=\{w\in C((0,\pi)\times(0,\infty),C),$$

$$|\,w|\in W^{2,2}((0,\pi),R)\ \text{s.t.}\ w(0,t)=w(\pi,t)=0\}$$

$$\boldsymbol{y}(t):=y(x,t),\ \boldsymbol{u}(t):=u(x,t)$$

$$A_1:=\left(a_0-b_0\sqrt{\frac{\theta_1}{\pi}}\right)\nabla^2-\mathrm{i}a_1\nabla,\ B_1:=-\left(a_2+\mathrm{i}b_1\sqrt{\frac{\theta_3}{\pi}}\right)$$

$$A_2:=\left(a_0-b_0\sqrt{\frac{\theta_1}{\pi}}\right)\nabla^2-\mathrm{i}a_1\nabla,\ B_2:=-\left(a_2-\mathrm{i}b_1\sqrt{\frac{\theta_4}{\pi}}\right)$$

$$A_3:=\left(a_0+b_0\sqrt{\frac{\theta_2}{\pi}}\right)\nabla^2-\mathrm{i}a_1\nabla,\ B_3:=-\left(a_2+\mathrm{i}b_1\sqrt{\frac{\theta_3}{\pi}}\right)$$

$$A_4 := \left(a_0 + b_0\sqrt{\frac{\theta_2}{\pi}}\right)\nabla^2 - \mathrm{i}a_1\nabla,\ B_4 := -\left(a_2 - \mathrm{i}b_1\sqrt{\frac{\theta_4}{\pi}}\right)$$

$$D := d,\ E := e$$

因此，整体模糊抛物型 PDE 模型为

$$\dot{\xi}(t) = \sum_{i=1}^{4} h_i(y)\left[A_i\xi(t) + B_i\xi(t-h(t)) + D\boldsymbol{u}(t)\right],\quad \boldsymbol{y}(t) = E\xi(t) \tag{4.25}$$

式中，$\boldsymbol{y}(t) := \left[y_1(x,t), y_2(x,t)\right]^{\mathrm{T}}$ 以及 $h_i(y) = \dfrac{\mu_i(y)}{\sum_{i=1}^{4}\mu_i(y)}$，$i \in \{1, 2, 3, 4\}$

$$\mu_1(y) = F_{11}(y_1)F_{12}(y_2),\quad \mu_2(y) = F_{11}(y_1)F_{22}(y_2)$$

$$\mu_3(y) = F_{21}(y_1)F_{12}(y_2),\quad \mu_4(y) = F_{21}(y_1)F_{22}(y_2)$$

下面，我们将能量供给率 (Q_1, S_1, R_1) 推广到无穷维情形。

$$\omega(\boldsymbol{u}(t), \boldsymbol{y}(t)) := \left\langle \boldsymbol{y}(t), Q_1\boldsymbol{y}(t)\right\rangle + \left\langle \boldsymbol{y}(t), S_1\boldsymbol{u}(t)\right\rangle + \left\langle \boldsymbol{u}(t), S_1^{*}\boldsymbol{y}(t)\right\rangle + \left\langle \boldsymbol{u}(t), R_1\boldsymbol{u}(t)\right\rangle \tag{4.26}$$

其中 $\langle \cdot, \cdot \rangle$ 表示复 Hilbert 空间中的内积，并作如下假设：

（ⅰ）算子 Q_1 为负半定无界算子，该假设表征了无穷维能量供给率的特点；

（ⅱ）线性算子 R_1 为正定有界算子。

定义 4.1 系统（4.25），相对于式（4.26）中定义的能量供给率 $\omega(\boldsymbol{u}(t), \boldsymbol{y}(t))$，为耗散的，如果存在正半定函数 $S(x)$，使得对于任意控制输入 u 以及任意 $\tau \geqslant 0$，有

$$S(x(\tau)) - S(x(0)) \leqslant \int_0^{\tau} \omega(\boldsymbol{u}(t), \boldsymbol{y}(t))\,\mathrm{d}t \tag{4.27}$$

其中函数 $S(x)$ 为存储函数。

引理 4.5（Wirtinger 不等式） 令 $z \in W^{1,2}([a,b], R)$ 为标量函数，满足 $z(a) = z(b) = 0$，则

$$\int_a^b z^2(\xi)\mathrm{d}\xi \leqslant \frac{(b-a)^2}{\pi^2}\int_a^b \left[\frac{\mathrm{d}z(\xi)}{\mathrm{d}\xi}\right]^2 \mathrm{d}\xi$$

此外，如果 $z \in W^{2,2}([a,b], R)$，则

$$\int_a^b \left[\frac{\mathrm{d}z(\xi)}{\mathrm{d}\xi}\right]^2 \mathrm{d}\xi \leqslant \frac{(b-a)^2}{\pi^2}\int_a^b \left[\frac{\mathrm{d}^2 z(\xi)}{\mathrm{d}\xi^2}\right]^2 \mathrm{d}\xi$$

下面，给出文献[5]中定理 3.1 在滞后型时滞情形下相应推论。

引理 4.6 给定标量$h>0, d_1>0$，如果存在线性无界模糊算子$P^{\text{fuzzy}}>0$、线性有界模糊算子$Q^{\text{fuzzy}}\geqslant 0, S^{\text{fuzzy}}\geqslant 0, P_2^{\text{fuzzy}}$以及$P_3^{\text{fuzzy}}$，使得下列线性模糊算子不等式

$$\boldsymbol{\Xi}^i := \begin{bmatrix} \Phi_{11}^i & \Phi_{12}^i & S^{\text{fuzzy}} + P_2^{\text{fuzzy}*}B_i & P_2^{\text{fuzzy}*}D - E^* S_1 \\ * & \Phi_{22}^i & P_3^{\text{fuzzy}*}B_i & P_3^{\text{fuzzy}*}D \\ * & * & -(1-d_1)Q^{\text{fuzzy}} - S^{\text{fuzzy}} & 0 \\ * & * & * & -R_1 \end{bmatrix} < 0,$$

$$i = \{1, 2, 3, 4\} \tag{4.28}$$

在复 Hilbert 空间成立。

式中

$$\Phi_{11}^i := Q^{\text{fuzzy}} - S^{\text{fuzzy}} + P_2^{\text{fuzzy}*}A_i + A_i^* P_2^{\text{fuzzy}} - E^* Q_1 E$$

$$\Phi_{12}^i := P^{\text{fuzzy}} - P_2^{\text{fuzzy}*} + A_i^* P_3^{\text{fuzzy}}$$

$$\Phi_{22}^i := h^2 S^{\text{fuzzy}} - P_3^{\text{fuzzy}*}$$

则整体模糊系统(4.25)，相对于式(4.26)定义的能量供给率$\omega(\boldsymbol{u}(t), \boldsymbol{y}(t))$，为耗散的。

注释 4.3 模糊算子$P^{\text{fuzzy}}, Q^{\text{fuzzy}}, S^{\text{fuzzy}}, P_2^{\text{fuzzy}}$以及$P_3^{\text{fuzzy}}$分别取值于确定性算子集合$\{P^i, i=1,2,3,4\}$，$\{Q^i, i=1,2,3,4\}$，$\{S^i, i=1,2,3,4\}$，$\{P_2^i, i=1,2,3,4\}$，$\{P_3^i, i=1,2,3,4\}$，其中确定性算子对$(P^i, Q^i, S^i, P_2^i, P_3^i)$分别对应于整体模糊系统（4.25）的子系统算子对$(A_i, B_i, D, E)$。

根据引理4.6，选取模糊算子$P^{\text{fuzzy}} := \sum_{j=1}^4 h_j(y)P^j$、$Q^{\text{fuzzy}} := \sum_{j=1}^4 h_j(y)Q^j$、$S^{\text{fuzzy}} := \sum_{j=1}^4 h_j(y)S^j$、$P_2^{\text{fuzzy}} := \sum_{j=1}^4 h_j(y)P_2^j$以及$P_3^{\text{fuzzy}} := \sum_{j=1}^4 h_j(y)P_3^j$，有下列引理。

引理 4.7 给定标量$h>0, d_1>0$，如果存在线性确定性算子$P^j>0$, $Q^j>0$, $S^j>0, P_2^j, P_3^j$ $(j=\{1,2,3,4\})$，使得下列 LOI:

$$
\begin{aligned}
&\boldsymbol{G}_{ii} < 0,\\
&\boldsymbol{G}_{12} + \boldsymbol{G}_{21} < 0, \boldsymbol{G}_{34} + \boldsymbol{G}_{43} < 0,\\
&\boldsymbol{G}_{13} + \boldsymbol{G}_{31} < 0, \boldsymbol{G}_{24} + \boldsymbol{G}_{42} < 0,\\
&\boldsymbol{G}_{32} + \boldsymbol{G}_{23} < 0, \boldsymbol{G}_{14} + \boldsymbol{G}_{41} < 0
\end{aligned} \tag{4.29}
$$

成立，则整体模糊系统（4.25）在复 Hilbert 空间 H 中为耗散的，其中

$$
\boldsymbol{G}_{ij} := \begin{bmatrix} \boldsymbol{\Phi}_{11}^{ij} & \boldsymbol{\Phi}_{12}^{ij} & S^j + P_2^{j*} B_i & P_2^{j*} D - E^* S_1 \\ * & \boldsymbol{\Phi}_{22}^{ij} & P_3^{j*} B_i & P_3^{j*} D \\ * & * & -(1-d_1)Q^j - S^j & 0 \\ * & * & * & -R_1 \end{bmatrix}
$$

$$
\begin{aligned}
&\boldsymbol{\Phi}_{11}^{ij} := Q^j - S^j + P_2^{j*} A_i + A_i^* P_2^j - E^* Q_1 E\\
&\boldsymbol{\Phi}_{12}^{ij} := P^j - P_2^{j*} + A_i^* P_3^j\\
&\boldsymbol{\Phi}_{22}^{ij} := h^2 S^j - P_3^{j*} \ (i, j = \{1, 2, 3, 4\})
\end{aligned}
$$

证明　鉴于注释 4.3，有

$$
\dot{V}(t) - \langle \boldsymbol{y}(t), Q_1 \boldsymbol{y}(t) \rangle - \langle \boldsymbol{y}(t), S_1 \boldsymbol{u}(t) \rangle - \langle \boldsymbol{u}(t), S_1^* \boldsymbol{y}(t) \rangle - \langle \boldsymbol{u}(t), R_1 \boldsymbol{u}(t) \rangle
$$

$$
\leqslant \sum_{i=1}^{4} \sum_{j=1}^{4} h_i(y) h_j(y) \left\langle \begin{bmatrix} \xi(t) \\ \dot{\xi}(t) \\ \xi(t-h(t)) \\ \boldsymbol{u}(t) \end{bmatrix}, \right.
$$

$$
\left. \begin{bmatrix} \boldsymbol{\Phi}_{11}^{ij} & \boldsymbol{\Phi}_{12}^{ij} & S^j + P_2^{j*} B_i & P_2^{j*} D - E^* S_1 \\ * & \boldsymbol{\Phi}_{22}^{ij} & P_3^{j*} B_i & P_3^{j*} D \\ * & * & -(1-d_1)Q^j - S^j & 0 \\ * & * & * & -R_1 \end{bmatrix} \begin{bmatrix} \xi(t) \\ \dot{\xi}(t) \\ \xi(t-h(t)) \\ \boldsymbol{u}(t) \end{bmatrix} \right\rangle \tag{4.30}
$$

鉴于 LOI 式（4.29），证毕。

4.3.2　无穷维 Hilbert 空间上耗散性

定理 4.3　给定 $a_0 > 0, a_1 < 0, h > 0, d_1 > 0, d$ 以及 e，如果存在标量 $p_1 > 0, p_2 > 0, \ p_3 > 0, q \geqslant 0, s \geqslant 0, r_1 \geqslant 0$ 以及 s_1，使得下列 LMI 成立：

$$\boldsymbol{\Xi}^0 := \begin{bmatrix} \boldsymbol{\Phi}_{11}^0 & \boldsymbol{\Phi}_{12}^0 & s - p_2 a_2 & p_2 d - e s_1 \\ * & \boldsymbol{\Phi}_{22}^0 & -p_3 a_2 & p_3 d \\ * & * & -(1-d_1)q - s & 0 \\ * & * & * & -r_1 \end{bmatrix} \leqslant 0 \tag{4.31}$$

$$a_0 + \frac{a_1}{2} > 0 \tag{4.32}$$

$$(2a_0 + a_1)p_2 - e^2 > 0 \tag{4.33}$$

式中

$$\boldsymbol{\Phi}_{11}^0 := q - s - a_0 p_2 + \frac{1}{2}e^2 - \frac{3}{2}p_2 a_1$$

$$\boldsymbol{\Phi}_{12}^0 := -\frac{1}{2}a_0 p_3 - \frac{3}{4}a_1 p_3 + p_1 - p_2$$

$$\boldsymbol{\Phi}_{22}^0 := h^2 s - p_3$$

则系统（4.21）为耗散的，其中能量供给率 $\omega(\boldsymbol{u}(t), \boldsymbol{y}(t))$ 的参数

$$Q_1 := \nabla^2, S_1 := s_1, R_1 := r_1 \geqslant 0$$

证明 选取下列算子如下：

$$\begin{gathered} P := -a_0 p_3 \nabla^2 + \mathrm{i} a_1 p_3 \nabla - \frac{1}{2}a_0 p_3 - \frac{3}{4}a_1 p_3 + p_1 \\ Q := q \geqslant 0, \quad S := s \geqslant 0, \quad P_2 := p_2, \quad P_3 := p_3 \end{gathered} \tag{4.34}$$

下面分如下几步加以证明。

第 1 步：欲证式（4.34）中的算子 P 为正定的。根据引理 4.1、引理 4.2 以及不等式（4.31），对于 $w \neq 0$，有

$$\begin{aligned} \langle \xi(t), P\xi(t) \rangle &= -a_0 p_3 \langle w, \nabla^2 w \rangle + a_1 p_3 \langle w, \mathrm{i}\nabla w \rangle \\ &\quad - \left(\frac{1}{2}a_0 p_3 + \frac{3}{4}a_1 p_3 - p_1\right)\langle w, w \rangle \\ &\geqslant -a_0 p_3 \langle w, \nabla^2 w \rangle + \frac{a_1 p_3}{2}\left(\langle w, w \rangle - \langle w, \nabla^2 w \rangle\right) \\ &\quad - \left(\frac{1}{2}a_0 p_3 + \frac{3}{4}a_1 p_3 - p_1\right)\langle w, w \rangle \end{aligned}$$

$$\geqslant \frac{1}{2}\left(a_0 + \frac{a_1}{2}\right) p_3 \langle w, w\rangle + \frac{a_1 p_3}{2}\langle w, w\rangle - \left(\frac{1}{2}a_0 p_3 + \frac{3}{4}a_1 p_3 - p_1\right)\langle w, w\rangle = p_1 \langle w, w\rangle > 0 \tag{4.35}$$

结合算子 P 的自伴性，不等式（4.35）意味着算子 P 为正定算子。

第 2 步：鉴于算子 A 的自伴性，有下列等式成立：

$$\left\langle \xi(t), \left(P - P_2^* + A^* P_3\right)\dot{\xi}(t)\right\rangle = \left\langle \xi(t), \left(-\frac{1}{2}a_0 p_3 - \frac{3}{4}a_1 p_3 + p_1 - p_2\right)\dot{\xi}(t)\right\rangle$$

第 3 步：鉴于引理 4.1、引理 4.2 以及不等式（4.32），有

$$\begin{aligned}&\left\langle \xi(t), \left(Q - S + P_2^* A + A^* P_2 - E^* Q_1 E\right)\xi(t)\right\rangle \\ &= \left\langle \xi(t), \left(q - s + \left(2a_0 p_2 - e^2\right)\nabla^2 - 2 p_2 a_1 \cdot \mathrm{i}\nabla\right)\xi(t)\right\rangle \\ &\leqslant (q - s - p_2 a_1)\langle w, w\rangle + \left(2a_0 p_2 - e^2 + p_2 a_1\right)\langle w, \nabla^2 w\rangle \\ &\leqslant \left(q - s - a_0 p_2 + \frac{1}{2}e^2 - \frac{3}{2}p_2 a_1\right)\langle w, w\rangle\end{aligned} \tag{4.36}$$

根据上述分析，如果 LMI 式（4.31）～式（4.33）成立，则 LOI 式（4.29）成立，从而根据引理 4.6，证毕。

注释 4.4 针对具有如下系数 $a_0 = 2.5, a_1 = -0.12, a_2 = 1.2, d = -0.2, e = 1$ 的非线性抛物型无穷维复值参数系统（4.21），根据定理 4.3，该系统（4.21）为耗散的，其中能量供给率 $\omega(\boldsymbol{u}(t), \boldsymbol{y}(t))$ 的参数 $Q_1 = \nabla^2, S_1 = -42.3220, R_1 = 317.5378$，时变时滞 $h(t)$ 满足 $0 < h(t) \leqslant h = 1.5, \dot{h}(t) \leqslant d_1 = 0.01$。

参 考 文 献

[1] Fridman E. Exponential stability of linear distributed parameter systems with time-varying delays. Automatica，2009，45（1）：194-201.

[2] Takagi T. Fuzzy identification of systems and its applications to modeling and

control. IEEE Transactions On Systems，Man and Cybernetics，1985，15（1）：116-132.

[3] Tanaka K. Stability analysis and design of fuzzy control systems. Fuzzy Sets and Systems，1992，45（2）：135-156.

[4] Yang C D. Stability and quantization of complex-valued nonlinear quantum systems. Chaos，Solitons & Fractals，2009，42（2）：711-723.

[5] Tai Z X，Lun S X. Dissipativity for linear neutral distributed parameter systems：LOI approach. Applied Mathematics Letters，2012，25（2）：115-119.

[6] Tai Z X. Exponential stability of non-linear hyperbolic distributed complex-valued parameter systems：linear fuzzy operator inequality approach. Applied Mathematics Letters，2012，25（10）：1404-1409.

[7] Tai Z X，Wang X C. On dissipativity analysis for non-linear parabolic complex-valued PDE systems. ICIC Express Letters，2013，7（7）：1973-1978.

第 5 章　随机无穷维系统的稳定性研究

5.1　引　　言

输入-状态稳定性问题以及绝对稳定性问题近些年已得到广泛研究[1-7]，针对输入-状态稳定性问题，对于更一般的反馈类型情形，甚至对于关于控制不是线性的系统，输入-状态可镇定性也得到了证实[2]；文献[3]将此类结论推广到了离散时间情形。此外，Hu 等提出了针对非线性控制系统的 Runge-Kutta 数值算法输入-状态稳定性概念[4]。另一方面，针对绝对稳定性问题，文献[6]论述了不确定中立型 Lur'e 控制系统的时滞相关鲁棒绝对稳定性问题，所用方法中并没有利用任何模型变换和交叉项界定技术；利用离散化 Lyapunov 泛函方法，将该结果进一步加以改进[7]。

然而，到目前为止，输入-状态稳定性以及绝对稳定性结果仅适用于由常微分方程描述的有穷维系统，缺乏针对由偏微分方程，当然也包括由随机偏微分方程描述的无穷维系统的相应结果。本章将给出有关 Lur'e 随机无穷维控制系统的绝对均方输入-状态稳定性以及绝对均方指数稳定性结果。

5.2　Lur'e 随机无穷维控制系统的绝对均方输入-状态稳定性

5.2.1　系统描述和预备知识

考虑下面 Hilbert 空间 H 上 Lur'e 随机无穷维控制系统：

$$\Sigma_0:\begin{cases}\mathrm{d}x(t)=[\boldsymbol{A}x(t)+\boldsymbol{B}x(t-h)+\boldsymbol{E}w(t)+\boldsymbol{F}u(t)]\mathrm{d}t\\ \qquad\quad+[\boldsymbol{C}x(t)+\boldsymbol{D}x(t-h)]\mathrm{d}\omega(t)\\ z(t)=\boldsymbol{M}x(t)+\boldsymbol{N}x(t-h)+\boldsymbol{R}u(t)\\ w(t)=-\varphi(t,z(t))\\ x(t)=\phi(t),\ t\in[-h,0]\end{cases}\tag{5.1}$$

式中，$x(t),z(t)\in H$ 为系统状态，$w(t),u(t)\in U$ 为控制输入，h 表示正常值时滞，$\phi\in C([-h,0],H)$ 为给定初始状态，$\varphi(t,z(t)):R\times H\to H$ 为满足下列扇区条件的抽象非线性泛函：

$$\left\langle\varphi(t,z(t))-\boldsymbol{K}_1z(t),\varphi(t,z(t))-\boldsymbol{K}_2z(t)\right\rangle\leqslant 0\tag{5.2}$$

以及 $\omega(t)$ 为概率空间 (Ω,F,P) 上的零均值实标量维纳过程，满足

$$\mathbf{E}\{\mathrm{d}\omega(t)\}=0,\ \mathbf{E}\{\mathrm{d}\omega^2(t)\}=\mathrm{d}t$$

不失一般性，我们假设下列条件：

（i）算子 $\boldsymbol{A}$ 生成 C_0-半群 $\boldsymbol{T}(t),t\geqslant 0$；

（ii）算子 $\boldsymbol{B}$，$\boldsymbol{C}$，$\boldsymbol{D}$，$\boldsymbol{E}$，$\boldsymbol{F}$，$\boldsymbol{M}$，$\boldsymbol{N}$ 和 $\boldsymbol{R}$ 都为线性有界的；

（iii）算子 $\boldsymbol{K}_1$ 和 $\boldsymbol{K}_2$ 为线性的，可以为无界的。

下面，我们将引入一些记号、定义和引理。

Hilbert 空间 U 上可测且局部本质有界的控制集合记为 L_∞，其中上确界范数定义为 $\|u\|_{\sup}:=\sup\{\|u(t)\|:t\geqslant -h\}<\infty$。

系统 Σ_0 以初始状态 $\phi\in C([-h,0],H)$ 和控制输入 $u\in L_\infty$ 的解轨迹记为 $x(t,\phi,u)$。

定义 5.1 函数 $\gamma:R_+\to R_+$ 为 K 类函数，是指该函数是连续的，在原点取值为零，并且是严格递增的。函数 $\beta:R_+\times R_+\to R_+$ 为 KL 类函数，是指对于固定 $t\geqslant 0$，函数 $\beta(\cdot,t)$ 为 K 类函数，以及对于固定 $s\geqslant 0$，函数 $\beta(s,\cdot)$ 为递减的，并且当 $t\to\infty$ 时，$\beta(s,t)\to 0$。

现在给出 Hilbert 空间上随机绝对均方输入-状态稳定性的定义。

定义 5.2 系统 Σ_0 为随机绝对均方输入-状态稳定的，是指存在 KL 类函数 $\beta:R_+\times R_+\to R_+$ 和 K 类函数 $\gamma:R_+\to R_+$，使得对初始状态 $\phi\in C([-h,0],H)$、有界控制输入 $u\in L_\infty$ 以及满足扇区条件（5.2）的抽象非线性泛函 $\varphi(t,z(t)):R\times H\to H$，都有下列不等式成立：

$$\mathbf{E}\{\|x(t,\phi,u)\|\} \leqslant \beta(\|\phi\|_h, t) + \gamma(\|u\|_{\sup}) \tag{5.3}$$

式中，$\mathbf{E}\{\cdot\}$ 表示数学期望，$\|\phi\|_h := \sup\{\|\phi(\theta)\| : -h \leqslant \theta \leqslant 0\}$。

引理 5.1（比较原理[8]） 如果函数 $g(x, y)$ 为连续的，并且满足 Lipschitz 条件，则下列关系成立：

$$\left.\begin{array}{l} \mathbf{D}_+ m(x) \leqslant g(x, m(x)) \\ \mathbf{D}_+ u(x) \geqslant g(x, u(x)) \\ m(x_0) \leqslant u(x_0) \end{array}\right\} \Rightarrow m(x) \leqslant u(x),\ t \geqslant t_0$$

引理 5.2（Wirtinger 不等式） 令 $z \in W^{1,2}([a,b], R)$ 为标量函数，满足 $z(a) = z(b) = 0$，则

$$\int_a^b z^2(\xi)\mathrm{d}\xi \leqslant \frac{(b-a)^2}{\pi^2}\int_a^b \left[\frac{\mathrm{d}z(\xi)}{\mathrm{d}\xi}\right]^2 \mathrm{d}\xi$$

此外，如果 $z \in W^{2,2}([a,b], R)$，则

$$\int_a^b \left[\frac{\mathrm{d}z(\xi)}{\mathrm{d}\xi}\right]^2 \mathrm{d}\xi \leqslant \frac{(b-a)^2}{\pi^2}\int_a^b \left[\frac{\mathrm{d}^2 z(\xi)}{\mathrm{d}\xi^2}\right]^2 \mathrm{d}\xi$$

5.2.2 无穷维 Hilbert 空间上随机绝对均方输入-状态稳定性

我们将利用线性算子不等式 LOI，给出系统 Σ_0 的时滞相关随机绝对均方输入-状态稳定性条件。

首先考虑非线性泛函 $\varphi(t, z(t))$ 属于扇区[0，$\boldsymbol{K}$]的情形，即

$$\langle \varphi(t, z(t)), \varphi(t, z(t)) - \boldsymbol{K}z(t) \rangle \leqslant 0 \tag{5.4}$$

定理 5.1 给定正常值时滞 $h > 0$，如果存在正常数 $\beta > 0, \varepsilon > 0$，线性正定算子 $\boldsymbol{Q}_1 : D(A) \to H$ 以及非负定算子 $\boldsymbol{Q}_2 \in L(H), \boldsymbol{Q}_3 \in L(U)$，使得下列不等式成立：

$$\alpha\langle x, x\rangle \leqslant \langle x, \boldsymbol{Q}_1 x\rangle \leqslant \gamma_{q_1}\left[\langle x, x\rangle + \langle \boldsymbol{A}x, \boldsymbol{A}x\rangle\right] \tag{5.5}$$

$$\langle x, \boldsymbol{Q}_2 x\rangle \leqslant \gamma_{q_2}\langle x, x\rangle \tag{5.6}$$

$$\langle u(t), \boldsymbol{Q}_3 u(t)\rangle \leqslant \gamma_{q_3}\langle u(t), u(t)\rangle \tag{5.7}$$

$$\boldsymbol{\Xi} := \begin{bmatrix} \begin{matrix} \boldsymbol{Q}_1(\boldsymbol{A}+\beta\boldsymbol{I}) \\ +(\boldsymbol{A}+\beta\boldsymbol{I})^*\boldsymbol{Q}_1 \\ +\boldsymbol{C}^*\boldsymbol{Q}_1\boldsymbol{C}+\boldsymbol{Q}_2 \end{matrix} & \boldsymbol{Q}_1\boldsymbol{B}+\boldsymbol{C}^*\boldsymbol{Q}_1\boldsymbol{D} & \boldsymbol{Q}_1\boldsymbol{E}-\varepsilon\boldsymbol{M}^*\boldsymbol{K}^* & \boldsymbol{Q}_1\boldsymbol{F} \\ * & -\mathrm{e}^{-2\beta h}\boldsymbol{Q}_2+\boldsymbol{D}^*\boldsymbol{Q}_1\boldsymbol{D} & -\varepsilon\boldsymbol{N}^*\boldsymbol{K}^* & 0 \\ * & * & -2\varepsilon\boldsymbol{I} & -\varepsilon\boldsymbol{K}\boldsymbol{R} \\ * & * & * & -2\boldsymbol{Q}_3 \end{bmatrix} < 0 \tag{5.8}$$

式中，$\alpha, \gamma_{q_1}, \gamma_{q_2}, \gamma_{q_3}$ 为正常数，则系统 $\boldsymbol{\Sigma}_0$ 为扇区[0，$\boldsymbol{K}$]中的随机绝对均方输入-状态稳定的。

证明 选取下列 Hilbert 空间上正半定 Lyapunov-Krasovskii 泛函：

$$V(x_t) = \langle x(t), \boldsymbol{Q}_1 x(t)\rangle + \int_{-h}^{0} \mathrm{e}^{2\beta\theta} \langle x(t+\theta), \boldsymbol{Q}_2 x(t+\theta)\rangle \mathrm{d}\theta \tag{5.9}$$

根据式（5.5）、式（5.6）和式（5.9），我们有下列估计泛函 $V(x_t)$ 的不等式：

$$\alpha\|x(t)\|^2 \leqslant V(t) \leqslant \gamma_{q_1}(\|x(t)\|^2 + \|\boldsymbol{A}x(t)\|^2) + h\gamma_{q_2}\|x_t\|_h^2 \tag{5.10}$$

利用伊藤公式，随机微分 $\mathrm{d}V(t, x_t)$ 为

$$\mathrm{d}V(t, x_t) = LV(t, x_t)\mathrm{d}t + 2\langle x(t), \boldsymbol{Q}_1(\boldsymbol{C}x(t)+\boldsymbol{D}x(t-h))\rangle \mathrm{d}\omega(t) \tag{5.11}$$

式中

$$\begin{aligned} LV(t, x_t) = {} & 2\langle x(t), \boldsymbol{Q}_1(\boldsymbol{A}x(t)+\boldsymbol{B}x(t-h)+\boldsymbol{E}w(t)+\boldsymbol{F}u(t))\rangle \\ & + \langle x(t), \boldsymbol{Q}_2 x(t)\rangle - \mathrm{e}^{-2\beta h}\langle x(t-h), \boldsymbol{Q}_2 x(t-h)\rangle \\ & - 2\beta\int_{t-h}^{t} \mathrm{e}^{2\beta(s-t)}\langle x(s), \boldsymbol{Q}_2 x(s)\rangle \mathrm{d}s \\ & + \langle(\boldsymbol{C}x(t)+\boldsymbol{D}x(t-h)), \boldsymbol{Q}_1(\boldsymbol{C}x(t)+\boldsymbol{D}x(t-h))\rangle \end{aligned} \tag{5.12}$$

根据式（5.9）和式（5.12），有

$$LV(t, x_t) + 2\beta V(x_t) - 2\langle u(t), \boldsymbol{Q}_3 u(t)\rangle = \langle \eta(t), \boldsymbol{\Theta}\eta(t)\rangle \tag{5.13}$$

式中

$$\eta(t) := \begin{bmatrix} x(t) \\ x(t-h) \\ w(t) \\ u(t) \end{bmatrix}$$

$$\boldsymbol{\Theta}:=\begin{bmatrix} \boldsymbol{Q}_1(\boldsymbol{A}+\beta\boldsymbol{I})+(\boldsymbol{A}+\beta\boldsymbol{I})^*\boldsymbol{Q}_1 + \boldsymbol{C}^*\boldsymbol{Q}_1\boldsymbol{C}+\boldsymbol{Q}_2 & \boldsymbol{Q}_1\boldsymbol{B}+\boldsymbol{C}^*\boldsymbol{Q}_1\boldsymbol{D} & \boldsymbol{Q}_1\boldsymbol{E} & \boldsymbol{Q}_1\boldsymbol{F} \\ * & -\mathrm{e}^{-2\beta h}\boldsymbol{Q}_2+\boldsymbol{D}^*\boldsymbol{Q}_1\boldsymbol{D} & 0 & 0 \\ * & * & 0 & 0 \\ * & * & * & -2\boldsymbol{Q}_3 \end{bmatrix}$$

鉴于 LOI 式（5.8），对于任意$\eta(t)\neq 0$，有不等式$\langle \eta(t), \boldsymbol{\Xi}\eta(t)\rangle<0$，即$\langle \eta(t), \boldsymbol{\Theta}\eta(t)\rangle-2\varepsilon\langle w(t), w(t)\rangle-2\varepsilon\langle w(t), \boldsymbol{K}(\boldsymbol{M}x(t)+\boldsymbol{N}x(t-h)+\boldsymbol{R}u(t))\rangle<0$成立，这意味着对满足式（5.4）的非零$\eta(t)\neq 0$，有不等式$\langle \eta(t), \boldsymbol{\Theta}\eta(t)\rangle<0$成立，因而根据等式（5.13），沿系统$\Sigma_0$的解轨迹，我们有

$$LV(t, x_t)\leqslant -2\beta V(t, x_t)+2\langle u(t), \boldsymbol{Q}_3 u(t)\rangle \tag{5.14}$$

利用 Dynkin 公式[9]、引理 5.1 以及不等式（5.5）～式（5.7），我们有

$$\begin{aligned} &\alpha\mathbf{E}\{\|x(t,\phi,u)\|^2\} \\ &\leqslant \mathbf{E}\{V(t,x_t)\}\leqslant \mathrm{e}^{-2\beta t}V(0)+\frac{1}{\beta}\sup_{t\geqslant 0}\langle u(t), \boldsymbol{Q}_3 u(t)\rangle \\ &\leqslant (2\gamma_{q_1}+h\gamma_{q_2})\mathrm{e}^{-2\beta t}\cdot\max\{\|\phi\|_h^2, \|\boldsymbol{A}\phi(0)\|^2\}+\frac{\gamma_{q_3}}{\beta}\|u\|_{\sup}^2 \\ &\leqslant \left(\sqrt{2\gamma_{q_1}+h\gamma_{q_2}}\,\mathrm{e}^{-\beta t}\cdot\max\{\|\phi\|_h, \|\boldsymbol{A}\phi(0)\|\}+\sqrt{\frac{\gamma_{q_3}}{\beta}}\|u\|_{\sup}\right)^2 \end{aligned} \tag{5.15}$$

这意味着

$$\begin{aligned} \mathbf{E}\{\|x(t,\phi,u)\|\}\leqslant \frac{1}{\sqrt{\alpha}}\Bigg(&\sqrt{2\gamma_{q_1}+h\gamma_{q_2}}\,\mathrm{e}^{-\beta t}\cdot\max\{\|\phi\|_h, \|A\phi(0)\|\} \\ &+\sqrt{\frac{\gamma_{q_3}}{\beta}}\|u\|_{\sup}\Bigg) \end{aligned} \tag{5.16}$$

因此，根据定义 5.2，证毕。

在非线性泛函$\varphi(t, z(t))$满足扇区条件（5.2）的更一般情形下，利用回环变换技术[10]，我们有下列结论。

在扇区[$\boldsymbol{K}_1$ ， $\boldsymbol{K}_2$]中系统 $\boldsymbol{\Sigma}_0$ 的随机绝对均方输入-状态稳定性等价于在扇区[0， $\boldsymbol{K}_2-\boldsymbol{K}_1$]中下列系统 $\boldsymbol{\Sigma}_1$ 的随机绝对均方输入-状态稳定性：

$$\boldsymbol{\Sigma}_1:\begin{cases}\mathrm{d}x(t)=[(\boldsymbol{A}-\boldsymbol{E}\boldsymbol{K}_1\boldsymbol{M})x(t)+(\boldsymbol{B}-\boldsymbol{E}\boldsymbol{K}_1\boldsymbol{N})x(t-h)\\ \qquad\quad +\boldsymbol{E}\tilde{w}(t)+(\boldsymbol{F}-\boldsymbol{E}\boldsymbol{K}_1\boldsymbol{R})u(t)]\mathrm{d}t\\ \qquad\quad +[\boldsymbol{C}x(t)+\boldsymbol{D}x(t-h)]\mathrm{d}\omega(t)\\ z(t)=\boldsymbol{M}x(t)+\boldsymbol{N}x(t-h)\\ \tilde{w}(t)=-\tilde{\varphi}(t,z(t))\\ x(t)=\phi(t),\quad \text{对任意}t\in[-h,0]\end{cases}\tag{5.17}$$

其中抽象非线性泛函 $\tilde{\varphi}(t,z(t))$ 满足下式：

$$\left\langle\tilde{\varphi}(t,z(t)),\tilde{\varphi}(t,z(t))-(\boldsymbol{K}_2-\boldsymbol{K}_1)z(t)\right\rangle\leqslant 0\tag{5.18}$$

针对系统（5.17）、系统（5.18），利用定理 5.1，得到如下主要结果。

定理 5.2 给定正常值时滞 $h>0$ ，如果存在正常数 $\beta>0,\varepsilon>0$ ，线性正定算子 $\boldsymbol{Q}_1:D(A)\to H$ 以及非负定算子 $\boldsymbol{Q}_2\in L(H),\boldsymbol{Q}_3\in L(U)$ ，使得下列不等式成立：

$$\alpha\left\langle x,x\right\rangle\leqslant\left\langle x,\boldsymbol{Q}_1x\right\rangle\leqslant\gamma_{q_1}\left[\left\langle x,x\right\rangle+\left\langle \boldsymbol{A}x,\boldsymbol{A}x\right\rangle\right]\tag{5.19}$$

$$\left\langle x,\boldsymbol{Q}_2x\right\rangle\leqslant\gamma_{q_2}\left\langle x,x\right\rangle\tag{5.20}$$

$$\left\langle u(t),\boldsymbol{Q}_3u(t)\right\rangle\leqslant\gamma_{q_3}\left\langle u(t),u(t)\right\rangle\tag{5.21}$$

$$\begin{bmatrix}\begin{matrix}\boldsymbol{Q}_1(\boldsymbol{A}-\boldsymbol{E}\boldsymbol{K}_1\boldsymbol{M}+\beta\boldsymbol{I})+(\boldsymbol{A}-\boldsymbol{E}\boldsymbol{K}_1\boldsymbol{M}+\beta\boldsymbol{I})^*\boldsymbol{Q}_1\\ +\boldsymbol{C}^*\boldsymbol{Q}_1\boldsymbol{C}+\boldsymbol{Q}_2\end{matrix} & \boldsymbol{Q}_1(\boldsymbol{B}-\boldsymbol{E}\boldsymbol{K}_1\boldsymbol{N})+\boldsymbol{C}^*\boldsymbol{Q}_1\boldsymbol{D} & \boldsymbol{Q}_1\boldsymbol{E}-\varepsilon\boldsymbol{M}^*(\boldsymbol{K}_2-\boldsymbol{K}_1)^* & \boldsymbol{Q}_1(\boldsymbol{F}-\boldsymbol{E}\boldsymbol{K}_1\boldsymbol{R})\\ * & -\mathrm{e}^{-2\beta h}\boldsymbol{Q}_2+\boldsymbol{D}^*\boldsymbol{Q}_1\boldsymbol{D} & -\varepsilon\boldsymbol{N}^*(\boldsymbol{K}_2-\boldsymbol{K}_1)^* & 0\\ * & * & -2\varepsilon\boldsymbol{I} & -\varepsilon(\boldsymbol{K}_2-\boldsymbol{K}_1)\boldsymbol{R}\\ * & * & * & -2\boldsymbol{Q}_3\end{bmatrix}<0\tag{5.22}$$

式中，$\alpha, \gamma_{q_1}, \gamma_{q_2}, \gamma_{q_3}$ 为正常数，则系统 $\boldsymbol{\Sigma}_0$ 为扇区[$\boldsymbol{K}_1$，$\boldsymbol{K}_2$]中的随机绝对均方输入-状态稳定的。

5.2.3 三维随机波动方程的应用

考虑三维随机波动方程：

$$\begin{aligned}\mathrm{d}z_t(\xi,\eta,\zeta,t) = {} & (a\nabla^2 z(\xi,\eta,\zeta,t) - \mu_0 z_t(\xi,\eta,\zeta,t) \\ & - \mu_1 z_t(\xi,\eta,\zeta,t-h) - a_0 z(\xi,\eta,\zeta,t) \\ & - a_1 z(\xi,\eta,\zeta,t-h) + c_1 w_1(\xi,\eta,\zeta,t) \\ & + c_2 w_2(\xi,\eta,\zeta,t) + d_1 u_1(\xi,\eta,\zeta,t) \\ & + d_2 u_2(\xi,\eta,\zeta,t))\mathrm{d}t + (bz(\xi,\eta,\zeta,t) \\ & - b_0 z_t(\xi,\eta,\zeta,t) - b_1 z(\xi,\eta,\zeta,t-h) \\ & - b_2 z_t(\xi,\eta,\zeta,t-h))\mathrm{d}\omega(t) \end{aligned} \tag{5.23}$$

Neumann 边界条件：

$$z_\xi^{(i)}(0,\eta,\zeta,t) = z_\xi^{(i)}(\pi,\eta,\zeta,t) = 0,\ i = 0,1 \tag{5.24}$$

$$z_\eta^{(i)}(\xi,0,\zeta,t) = z_\eta^{(i)}(\xi,\pi,\zeta,t) = 0,\ i = 0,1 \tag{5.25}$$

$$z_\zeta^{(i)}(\xi,\eta,0,t) = z_\zeta^{(i)}(\xi,\eta,\pi,t) = 0,\ i = 0,1 \tag{5.26}$$

式中，∇^2 表示 Laplace 算子，即 $\nabla^2 := \frac{\partial^2}{\partial\xi^2} + \frac{\partial^2}{\partial\eta^2} + \frac{\partial^2}{\partial\zeta^2}$，$a > 0, \mu_0 > 0$ 为常数，$\xi \in [0,\pi],\ t \geqslant 0$。

边界问题（5.23）～问题（5.26）可以改写为 Hilbert 空间 $H := \{z \in W^{2,2}((0,\pi)\times(0,\pi)\times(0,\pi), R)\ \text{s.t.}$ 边界条件（5.24）～条件（5.26)$\}$ 上系统（5.1），其中算子

$$\boldsymbol{A} = \begin{bmatrix} 0 & 1 \\ a\nabla^2 - a_0 & -\mu_0 \end{bmatrix}, \boldsymbol{B} = \begin{bmatrix} 0 & 0 \\ -a_1 & -\mu_1 \end{bmatrix}, \boldsymbol{C} = \begin{bmatrix} 0 & 0 \\ b & -b_0 \end{bmatrix},$$

$$\boldsymbol{D} = \begin{bmatrix} 0 & 0 \\ -b_1 & -b_2 \end{bmatrix}, \boldsymbol{E} = \begin{bmatrix} 0 & 0 \\ c_1 & c_2 \end{bmatrix}, \boldsymbol{F} = \begin{bmatrix} 0 & 0 \\ d_1 & d_2 \end{bmatrix},$$

$$M=\begin{bmatrix} m_1 & 0 \\ 0 & m_2 \end{bmatrix}, N=\begin{bmatrix} 0 & 0 \\ n_1 & n_2 \end{bmatrix}, R=\begin{bmatrix} 0 & 0 \\ r_1 & r_2 \end{bmatrix},$$

$$K_1=\begin{bmatrix} k_{11} & k_{12} \\ p_{11}\left(\dfrac{\partial^4}{\partial\xi^4}+\dfrac{\partial^4}{\partial\eta^4}+\dfrac{\partial^4}{\partial\zeta^4}\right)+p_{12} & k_{13} \end{bmatrix},$$

$$K_2=\begin{bmatrix} k_{21} & k_{22} \\ p_{11}\left(\dfrac{\partial^4}{\partial\xi^4}+\dfrac{\partial^4}{\partial\eta^4}+\dfrac{\partial^4}{\partial\zeta^4}\right)+p_{22} & k_{23} \end{bmatrix},$$

系统状态 $x(t):=\begin{bmatrix} z(\xi,\eta,\zeta,t) \\ z_t(\xi,\eta,\zeta,t) \end{bmatrix}$ 以及控制输入 $u(t):=\begin{bmatrix} u_1(\xi,\eta,\zeta,t) \\ u_2(\xi,\eta,\zeta,t) \end{bmatrix}$。

定理 5.3 给定标量 $\beta>0, a>0, \mu_0>0, \mu_1, a_0, a_1, b, b_0, b_1, b_2, c_1, c_2, m_1, m_2, n_1, n_2, k_{11}, k_{12}, k_{13}, p_{12}, k_{21}, k_{22}, k_{23}$ 以及 p_{22}，如果存在正常数 $\varepsilon>0$，正定阵 $\boldsymbol{Q}_m:=\begin{bmatrix} q_{01}+3(a+h_3)q_{03} & q_{02} \\ q_{02} & q_{03} \end{bmatrix}>0, q_{03}>0$ 以及非负定阵 $\boldsymbol{Q}_2\geqslant 0$ 和 $\boldsymbol{Q}_3\geqslant 0$，使得下列 LMI 成立：

$$q_{02}-\beta q_{03}>0 \tag{5.27}$$

$$\begin{bmatrix} \boldsymbol{\Pi} & \begin{matrix}\boldsymbol{Q}_m(\boldsymbol{B}-\boldsymbol{E}\boldsymbol{K}_{1m}\boldsymbol{N}) \\ +\boldsymbol{C}^{\mathrm{T}}\boldsymbol{Q}_m\boldsymbol{D}\end{matrix} & \boldsymbol{Q}_m\boldsymbol{E}-\varepsilon\boldsymbol{M}^{\mathrm{T}}(\boldsymbol{K}_{2m}-\boldsymbol{K}_{1m})^{\mathrm{T}} & \boldsymbol{Q}_m(\boldsymbol{F}-\boldsymbol{E}\boldsymbol{K}_{1m}\boldsymbol{R}) \\ * & -\mathrm{e}^{-2\beta h}\boldsymbol{Q}_2+\boldsymbol{D}^{\mathrm{T}}\boldsymbol{Q}_m\boldsymbol{D} & -\varepsilon\boldsymbol{N}^{\mathrm{T}}(\boldsymbol{K}_{2m}-\boldsymbol{K}_{1m})^{\mathrm{T}} & 0 \\ * & * & -2\varepsilon\boldsymbol{I} & -\varepsilon(\boldsymbol{K}_{2m}-\boldsymbol{K}_{1m})\boldsymbol{R} \\ * & * & * & -2\boldsymbol{Q}_3 \end{bmatrix}<0 \tag{5.28}$$

式中

$$\boldsymbol{\Pi}:=\boldsymbol{Q}_m\begin{bmatrix} \beta & 1 \\ -a_0-3a-h_1-3h_3 & \beta-\mu_0-h_2 \end{bmatrix}+\begin{bmatrix} \beta & -a_0-3a-h_1-3h_3 \\ 1 & \beta-\mu_0-h_2 \end{bmatrix}\boldsymbol{Q}_m +\boldsymbol{C}^{\mathrm{T}}\boldsymbol{Q}_m\boldsymbol{C}+\boldsymbol{Q}_2$$

$$h_1:=c_1k_{11}m_1+c_2p_{12}m_1,\ h_2:=c_1k_{12}m_2+c_2k_{13}m_2,\ h_3:=c_2p_{11}m_1>0$$

$$\boldsymbol{K}_{1m}:=\begin{bmatrix}k_{11} & k_{12}\\ p_{12} & k_{13}\end{bmatrix},\boldsymbol{K}_{2m}:=\begin{bmatrix}k_{21} & k_{22}\\ p_{22} & k_{23}\end{bmatrix}$$

则边界问题（5.23）～（5.26）为扇区[$\boldsymbol{K}_1$，$\boldsymbol{K}_2$]中的随机绝对均方输入-状态稳定的。

证明 针对随机波动方程（5.23）的情形，考虑式（5.9）中 Lyapunov-Krasovskii 泛函如下：

$$\boldsymbol{Q}_1:=\begin{bmatrix}q_{01}-aq_{03}\nabla^2+h_3q_{03}\left(\dfrac{\partial^4}{\partial\xi^4}+\dfrac{\partial^4}{\partial\eta^4}+\dfrac{\partial^4}{\partial\zeta^4}\right) & q_{02}\\ q_{02} & q_{03}\end{bmatrix},\ \boldsymbol{Q}_2\geqslant 0 \quad (5.29)$$

以下列步骤加以证明。

第 1 步：利用分部积分和 Wirtinger 不等式，$x\neq 0$时，我们有

$$\begin{aligned}\langle x,\boldsymbol{Q}_1x\rangle&=-aq_{03}\iiint_\Omega z\cdot\nabla^2z\,\mathrm{d}v+h_3q_{03}\iiint_\Omega z\cdot\left(\frac{\partial^4}{\partial\xi^4}+\frac{\partial^4}{\partial\eta^4}+\frac{\partial^4}{\partial\zeta^4}\right)z\,\mathrm{d}v\\&\quad+\left\langle x,\begin{bmatrix}q_{01} & q_{02}\\ q_{02} & q_{03}\end{bmatrix}x\right\rangle\\&\geqslant 3(a+h_3)q_{03}\iiint_\Omega z^2\,\mathrm{d}v+\left\langle x,\begin{bmatrix}q_{01} & q_{02}\\ q_{02} & q_{03}\end{bmatrix}x\right\rangle\\&=\langle x,\boldsymbol{Q}_mx\rangle>0\end{aligned}\quad (5.30)$$

式中，区域$\Omega:=\{(\xi,\eta,\zeta):0\leqslant\xi\leqslant\pi,0\leqslant\eta\leqslant\pi,0\leqslant\zeta\leqslant\pi\}$，结合算子$\boldsymbol{Q}_1$的自伴性，意味着算子$\boldsymbol{Q}_1$为正定的。

第 2 步：鉴于 Wirtinger 不等式以及不等式（5.27），我们有

$$\begin{aligned}&\left\langle x,((\boldsymbol{A}-\boldsymbol{E}\boldsymbol{K}_1\boldsymbol{M}+\beta\boldsymbol{I})^*\boldsymbol{Q}_1+\boldsymbol{Q}_1(\boldsymbol{A}-\boldsymbol{E}\boldsymbol{K}_1\boldsymbol{M}+\beta\boldsymbol{I}))x\right\rangle\\&=\left\langle x,\left(\begin{bmatrix}\beta & 1\\ a\nabla^2-h_3\left(\dfrac{\partial^4}{\partial\xi^4}+\dfrac{\partial^4}{\partial\eta^4}+\dfrac{\partial^4}{\partial\zeta^4}\right)-a_0-h_1 & \beta-\mu_0-h_2\end{bmatrix}^*\right.\right.\\&\quad\times\begin{bmatrix}q_{01}-aq_{03}\nabla^2+h_3q_{03}\left(\dfrac{\partial^4}{\partial\xi^4}+\dfrac{\partial^4}{\partial\eta^4}+\dfrac{\partial^4}{\partial\zeta^4}\right) & q_{02}\\ q_{02} & q_{03}\end{bmatrix}\end{aligned}$$

$$
+\begin{bmatrix} q_{01}-aq_{03}\nabla^2+h_3q_{03}\left(\dfrac{\partial^4}{\partial\xi^4}+\dfrac{\partial^4}{\partial\eta^4}+\dfrac{\partial^4}{\partial\zeta^4}\right) & q_{02} \\ q_{02} & q_{03} \end{bmatrix}
$$

$$
\left.\left.\times\begin{bmatrix} \beta & 1 \\ a\nabla^2-h_3\left(\dfrac{\partial^4}{\partial\xi^4}+\dfrac{\partial^4}{\partial\eta^4}+\dfrac{\partial^4}{\partial\zeta^4}\right)-a_0-h_1 & \beta-\mu_0-h_2 \end{bmatrix}\right)x\right\rangle
$$

$$
\leqslant\left\langle x,\left(\boldsymbol{Q}_m\begin{bmatrix} \beta & 1 \\ -a_0-3a-h_1-3h_3 & \beta-\mu_0-h_2 \end{bmatrix}\right.\right.
$$

$$
\left.\left.+\begin{bmatrix} \beta & -a_0-3a-h_1-3h_3 \\ 1 & \beta-\mu_0-h_2 \end{bmatrix}\boldsymbol{Q}_m\right)x\right\rangle
$$

根据上述分析，如果 LMI 式（5.27）、式（5.28）成立，则满足 LOI 式（5.22），因而根据定理 5.2，证毕。

注释 5.1 针对随机波动方程(5.23)，其中系数 $a=30, \mu_0=20, \mu_1=-0.2, a_0=0.14, a_1=-0.12, b=1.2, b_0=1.5, b_1=0.2, b_2=-0.1, c_1=1.3, c_2=0.2, d_1=0.5, d_2=-0.3, \boldsymbol{M}=\begin{bmatrix}1&0\\0&2\end{bmatrix}, \boldsymbol{N}=\begin{bmatrix}0&0\\1.2&0.3\end{bmatrix}, \boldsymbol{R}=\begin{bmatrix}0&0\\0.7&0.4\end{bmatrix}, \boldsymbol{K}_{1m}=\begin{bmatrix}1&0\\0&0.2\end{bmatrix}, \boldsymbol{K}_{2m}=\begin{bmatrix}2&0\\0&0.9\end{bmatrix}, p_{11}=1, h_1=1.3, h_2=0.08$ 和 $h_3=0.2$，根据定理 5. 3，系统（5.23）～系统（5.26）为扇区$[\boldsymbol{K}_1，\boldsymbol{K}_2]$中以衰减率 $\beta=1.5$ 和最大时滞 $h_{\max}=2.2801$ 的随机绝对均方输入-状态稳定的，其中

$$
\boldsymbol{K}_1:=\begin{bmatrix} 0 & 0 \\ p_{11}\left(\dfrac{\partial^4}{\partial\xi^4}+\dfrac{\partial^4}{\partial\eta^4}+\dfrac{\partial^4}{\partial\zeta^4}\right) & 0 \end{bmatrix}+\boldsymbol{K}_{1m},
$$

$$
\boldsymbol{K}_2:=\begin{bmatrix} 0 & 0 \\ p_{11}\left(\dfrac{\partial^4}{\partial\xi^4}+\dfrac{\partial^4}{\partial\eta^4}+\dfrac{\partial^4}{\partial\zeta^4}\right) & 0 \end{bmatrix}+\boldsymbol{K}_{2m}
$$

5.3 Lur'e 随机无穷维控制系统的绝对均方指数稳定性

5.3.1 系统描述和预备知识

考虑下面 Hilbert 空间 H 上 Lur'e 随机无穷维控制系统：

$$\boldsymbol{\Sigma}_0:\begin{cases}\mathrm{d}x(t)=[\boldsymbol{A}x(t)+\boldsymbol{B}x(t-h)+\boldsymbol{E}w(t)]\mathrm{d}t+[\boldsymbol{C}x(t)+\boldsymbol{D}x(t-h)]\mathrm{d}\omega(t)\\ z(t)=\boldsymbol{M}x(t)+\boldsymbol{N}x(t-h)\\ w(t)=-\varphi(t,z(t))\\ x(t)=\phi(t),\quad 对于\forall t\in[-h,0]\end{cases}\tag{5.31}$$

式中，$x(t), z(t)\in H$ 为系统状态，$w(t)\in U$ 为控制输入，$h>0$ 为定常时滞，$\phi\in C([-h,0],H)$ 为给定的初始状态，$\varphi(t,z(t)):R\times H\to H$ 为抽象非线性泛函，满足下列扇区条件：

$$\langle\varphi(t,z(t))-\boldsymbol{K}_1z(t),\varphi(t,z(t))-\boldsymbol{K}_2z(t)\rangle\leqslant 0\tag{5.32}$$

$\omega(t)$ 为概率空间 (Ω,F,P) 上零均值实标量 Wiener 过程，满足

$$\mathbf{E}\{\mathrm{d}\omega(t)\}=0,\mathbf{E}\{\mathrm{d}\omega^2(t)\}=\mathrm{d}t$$

不失一般性，作出如下假设：

（i）算子 $\boldsymbol{A}$ 生成 C_0-半群 $\boldsymbol{T}(t), t\geqslant 0$；

（ii）算子 $\boldsymbol{B},\boldsymbol{C},\boldsymbol{D},\boldsymbol{E},\boldsymbol{M}$ 和 $\boldsymbol{N}$ 为线性有界算子；

（iii）算子 $\boldsymbol{K}_1$ 和 $\boldsymbol{K}_2$ 为线性无界算子。

下面，我们给出 Hilbert 空间上随机绝对指数稳定性的定义。

定义 5.3 系统 $\boldsymbol{\Sigma}_0$ 称为扇区 $[\boldsymbol{K}_1,\boldsymbol{K}_2]$ 中随机绝对指数稳定的，如果对于满足式（5.32）的抽象非线性泛函 $\varphi(t,z(t))$，系统 $\boldsymbol{\Sigma}_0$ 的零解为全局一致随机指数稳定的。

5.3.2 无穷维 Hilbert 空间上随机绝对均方指数稳定性

本小节首先在非线性泛函 $\varphi(t,z(t))$ 属于扇区 $[0,\boldsymbol{K}]$，即

$$\langle\varphi(t,z(t)),\varphi(t,z(t))-\boldsymbol{K}z(t)\rangle\leqslant 0\tag{5.33}$$

的情形下，给出系统 $\boldsymbol{\Sigma}_0$ 的时滞相关随机绝对均方指数稳定性结果。

定理 5.4 给定定常时滞 $h>0$，如果存在常量 $\varepsilon>0, \beta>0$，线性正定算子 $\boldsymbol{Q}_1: D(A)\to H$ 以及非负定算子 $\boldsymbol{Q}_2\in L(H)$，对于某正常数 $\alpha, \gamma_{q_1}, \gamma_{q_2}$，满足下列不等式

$$\alpha\langle x, x\rangle \leqslant \langle x, \boldsymbol{Q}_1 x\rangle \leqslant \gamma_{q_1}\left[\langle x, x\rangle+\langle \boldsymbol{A}x, \boldsymbol{A}x\rangle\right] \tag{5.34}$$

$$\langle x, \boldsymbol{Q}_2 x\rangle \leqslant \gamma_{q_2}\langle x, x\rangle \tag{5.35}$$

使得下列 LOI 成立：

$$\boldsymbol{\Xi}:=\begin{bmatrix} \boldsymbol{Q}_1(\boldsymbol{A}+\beta\boldsymbol{I})+(\boldsymbol{A}+\beta\boldsymbol{I})^*\boldsymbol{Q}_1 + \boldsymbol{C}^*\boldsymbol{Q}_1\boldsymbol{C}+\boldsymbol{Q}_2 & \boldsymbol{Q}_1\boldsymbol{B}+\boldsymbol{C}^*\boldsymbol{Q}_1\boldsymbol{D} & \boldsymbol{Q}_1\boldsymbol{E}-\varepsilon\boldsymbol{M}^*\boldsymbol{K}^* \\ * & -\mathrm{e}^{-2\beta h}\boldsymbol{Q}_2+\boldsymbol{D}^*\boldsymbol{Q}_1\boldsymbol{D} & -\varepsilon\boldsymbol{N}^*\boldsymbol{K}^* \\ * & * & -2\varepsilon\boldsymbol{I} \end{bmatrix} <0 \tag{5.36}$$

则系统 $\boldsymbol{\Sigma}_0$ 为 Hilbert 空间上扇区 $[0, \boldsymbol{K}]$ 随机绝对均方指数稳定的。

证明 选取下列 Hilbert 空间上正半定 Lyapunov-Krasovskii 泛函：

$$V(t, x_t):=\langle x(t), \boldsymbol{Q}_1 x(t)\rangle+\int_{-h}^{0}\mathrm{e}^{2\beta\theta}\langle x(t+\theta), \boldsymbol{Q}_2 x(t+\theta)\rangle\mathrm{d}\theta \tag{5.37}$$

利用伊藤公式，随机微分 $\mathrm{d}V(t, x_t)$ 为

$$\mathrm{d}V(t, x_t)=LV(t, x_t)\mathrm{d}t+2\left\langle x(t), \boldsymbol{Q}_1\left(\boldsymbol{C}x(t)+\boldsymbol{D}x(t-h)\right)\right\rangle\mathrm{d}\omega(t) \tag{5.38}$$

式中

$$\begin{aligned} LV(t, x_t)=&2\left\langle x(t), \boldsymbol{Q}_1\left(\boldsymbol{A}x(t)+\boldsymbol{B}x(t-h)+\boldsymbol{E}w(t)\right)\right\rangle \\ &+\langle x(t), \boldsymbol{Q}_2 x(t)\rangle-\mathrm{e}^{-2\beta h}\langle x(t-h), \boldsymbol{Q}_2 x(t-h)\rangle \\ &-2\beta\int_{t-h}^{t}\mathrm{e}^{2\beta(x-t)}\langle x(s), \boldsymbol{Q}_2 x(s)\rangle\mathrm{d}s \\ &+\left\langle\left(\boldsymbol{C}x(t)+\boldsymbol{D}x(t-h)\right), \boldsymbol{Q}_1\left(\boldsymbol{C}x(t)+\boldsymbol{D}x(t-h)\right)\right\rangle \end{aligned} \tag{5.39}$$

根据式（5.37）和式（5.39），有

$$LV(t, x_t)+2\beta V(t, x_t)=\langle \eta(t), \boldsymbol{\Pi}\eta(t)\rangle \tag{5.40}$$

式中

$$\eta(t):=\begin{bmatrix} x(t) \\ x(t-h) \\ w(t) \end{bmatrix},$$

$$\boldsymbol{\Pi}:=\begin{bmatrix} \boldsymbol{Q}_1(\boldsymbol{A}+\beta\boldsymbol{I})+(\boldsymbol{A}+\beta\boldsymbol{I})^*\boldsymbol{Q}_1+\boldsymbol{C}^*\boldsymbol{Q}_1\boldsymbol{C}+\boldsymbol{Q}_2 & \boldsymbol{Q}_1\boldsymbol{B}+\boldsymbol{C}^*\boldsymbol{Q}_1\boldsymbol{D} & \boldsymbol{Q}_1\boldsymbol{E} \\ * & -\mathrm{e}^{-2\beta h}\boldsymbol{Q}_2+\boldsymbol{D}^*\boldsymbol{Q}_1\boldsymbol{D} & 0 \\ * & * & 0 \end{bmatrix}$$

鉴于 LOI 式（5.36），对于任意$\eta(t)\neq 0$，不等式$\langle \eta(t), \boldsymbol{\Xi}\eta(t)\rangle<0$，即

$$\langle \eta(t), \boldsymbol{\Pi}\eta(t)\rangle-2\varepsilon\langle w(t), w(t)\rangle-2\varepsilon\langle w(t), \boldsymbol{K}(\boldsymbol{M}x(t)+\boldsymbol{N}x(t-h))\rangle<0$$

成立，这意味着对于任意满足式（5.33）的$\eta(t)\neq 0$，不等式$\langle \eta(t), \boldsymbol{\Pi}\eta(t)\rangle<0$成立，

从而根据等式（5.40），有

$$LV(t, x_t)+2\beta V(t, x_t)<0 \tag{5.41}$$

鉴于 Dynkin 公式[9]以及不等式（5.41），有

$$\begin{aligned}\alpha\mathbf{E}\left\{\|x(t,\phi)\|^2\right\} &\leqslant \mathbf{E}\{V(t, x_t)\}\leqslant \mathrm{e}^{-2\beta t}V(\phi) \\ &\leqslant \mathrm{e}^{-2\beta t}\left[\gamma_{q_1}\left(\|\phi(0)\|^2+\|A\phi(0)\|^2\right)+h\gamma_{q_2}\|\phi\|_h^2\right],\ t\geqslant 0\end{aligned} \tag{5.42}$$

因而

$$\mathbf{E}\{\|x(t,\phi)\|\}\leqslant\frac{1}{\sqrt{\alpha}}\mathrm{e}^{-\beta t}\sqrt{\gamma_{q_1}\left(\|\phi(0)\|^2+\|A\phi(0)\|^2\right)+h\gamma_{q_2}\|\phi\|_h^2},\ t\geqslant 0 \tag{5.43}$$

根据定义 5.3，证毕。

在非线性泛函$\varphi(t, z(t))$满足扇区条件（5.32）的更一般情形下，利用回环变换技术[10]，我们有下列结论。

在扇区$[\boldsymbol{K}_1, \boldsymbol{K}_2]$中系统$\boldsymbol{\Sigma}_0$的随机绝对均方指数稳定性等价于在扇区$[0,\ \boldsymbol{K}_2-\boldsymbol{K}_1]$中下列系统$\boldsymbol{\Sigma}_1$的随机绝对均方指数稳定性：

$$\boldsymbol{\Sigma}_1:\begin{cases}\mathrm{d}x(t)=[(\boldsymbol{A}-\boldsymbol{E}\boldsymbol{K}_1\boldsymbol{M})x(t)+(\boldsymbol{B}-\boldsymbol{E}\boldsymbol{K}_1\boldsymbol{N})x(t-h)+\boldsymbol{E}\tilde{w}(t)]\mathrm{d}t \\ \qquad\qquad +[\boldsymbol{C}x(t)+\boldsymbol{D}x(t-h)]\mathrm{d}\omega(t) \\ z(t)=\boldsymbol{M}x(t)+\boldsymbol{N}x(t-h) \\ \tilde{w}(t)=-\tilde{\varphi}(t, z(t)) \\ x(t)=\phi(t),\ \text{对任意}t\in[-h, 0]\end{cases} \tag{5.44}$$

其中抽象非线性泛函 $\tilde{\varphi}(t, z(t))$ 满足下式：

$$\left\langle \tilde{\varphi}(t, z(t)), \tilde{\varphi}(t, z(t)) - (\boldsymbol{K}_2 - \boldsymbol{K}_1) z(t) \right\rangle \leqslant 0 \tag{5.45}$$

针对系统（5.44）、系统（5.45），利用定理 5.4，得到如下主要结果。

定理 5.5 给定定常时滞 $h>0$，如果存在常量 $\varepsilon>0, \beta>0$，线性正定算子 $\boldsymbol{Q}_1: D(A) \to H$ 以及非负定算子 $\boldsymbol{Q}_2 \in L(H)$，对于某正常数 $\alpha, \gamma_{q_1}, \gamma_{q_2}$，满足下列不等式：

$$\alpha \langle x, x \rangle \leqslant \langle x, \boldsymbol{Q}_1 x \rangle \leqslant \gamma_{q_1} \left[\langle x, x \rangle + \langle \boldsymbol{A}x, \boldsymbol{A}x \rangle \right] \tag{5.46}$$

$$\langle x, \boldsymbol{Q}_2 x \rangle \leqslant \gamma_{q_2} \langle x, x \rangle \tag{5.47}$$

使得下列 LOI 成立：

$$\begin{bmatrix} \boldsymbol{Q}_1(\boldsymbol{A} - \boldsymbol{E}\boldsymbol{K}_1\boldsymbol{M} + \beta \boldsymbol{I}) + (\boldsymbol{A} - \boldsymbol{E}\boldsymbol{K}_1\boldsymbol{M} + \beta \boldsymbol{I})^* \boldsymbol{Q}_1 + \boldsymbol{C}^* \boldsymbol{Q}_1 \boldsymbol{C} + \boldsymbol{Q}_2 & \boldsymbol{Q}_1(\boldsymbol{B} - \boldsymbol{E}\boldsymbol{K}_1\boldsymbol{N}) + \boldsymbol{C}^* \boldsymbol{Q}_1 \boldsymbol{D} & \boldsymbol{Q}_1 \boldsymbol{E} - \varepsilon \boldsymbol{M}^* (\boldsymbol{K}_2 - \boldsymbol{K}_1)^* \\ * & -\mathrm{e}^{-2\beta h} \boldsymbol{Q}_2 + \boldsymbol{D}^* \boldsymbol{Q}_1 \boldsymbol{D} & -\varepsilon \boldsymbol{N}^* (\boldsymbol{K}_2 - \boldsymbol{K}_1)^* \\ * & * & -2\varepsilon \boldsymbol{I} \end{bmatrix} < 0 \tag{5.48}$$

则系统 $\boldsymbol{\Sigma}_0$ 为 Hilbert 空间上扇区 $[\boldsymbol{K}_1, \boldsymbol{K}_2]$ 随机绝对均方指数稳定的。

5.3.3 随机波动方程的应用

考虑随机波动方程：

$$\begin{aligned} \mathrm{d}z_t(\xi, t) = & \big(a\nabla^2 z(\xi, t) - \mu_0 z_t(\xi, t) - \mu_1 z_t(\xi, t-h) - a_0 z(\xi, t) \\ & - a_1 z(\xi, t-h) + c_1 w_1(\xi, t) + c_2 w_2(\xi, t) \big) \mathrm{d}t \\ & + \big(bz(\xi, t) - b_0 z_t(\xi, t) - b_1 z(\xi, t-h) - b_2 z_t(\xi, t-h) \big) \mathrm{d}\omega(t) \end{aligned} \tag{5.49}$$

Neumann 边界条件：

$$z_{\xi}^{(i)}(0, t) = z_{\xi}^{(i)}(\pi, t) = 0, \ i = 0, 1 \tag{5.50}$$

式中，∇^2 表示 Laplace 算子，即 $\nabla^2 := \dfrac{\partial^2}{\partial \xi^2}$，常量参数 $a>0, \mu_0>0, \xi \in [0, \pi]$，

$t \geqslant 0$。

边值问题（5.49）、（5.50）可以改写为 Hilbert 空间

$$H := \left\{ z \in W^{2,2}((0,\pi), R) \text{ s.t. 边界条件(5.50)} \right\}$$

上系统（5.31），其中算子

$$\boldsymbol{A} = \begin{bmatrix} 0 & 1 \\ a\nabla^2 - a_0 & -\mu_0 \end{bmatrix}, \boldsymbol{B} = \begin{bmatrix} 0 & 0 \\ -a_1 & -\mu_1 \end{bmatrix}, \boldsymbol{C} = \begin{bmatrix} 0 & 0 \\ b & -b_0 \end{bmatrix}, \boldsymbol{D} = \begin{bmatrix} 0 & 0 \\ -b_1 & -b_2 \end{bmatrix},$$

$$\boldsymbol{E} = \begin{bmatrix} 0 & 0 \\ c_1 & c_2 \end{bmatrix}, \boldsymbol{M} = \begin{bmatrix} m_1 & 0 \\ 0 & m_2 \end{bmatrix}, \boldsymbol{N} = \begin{bmatrix} 0 & 0 \\ n_1 & n_2 \end{bmatrix},$$

$$\boldsymbol{K}_1 = \begin{bmatrix} k_{11} & k_{12} \\ p_{11}\dfrac{\partial^4}{\partial \xi^4} + p_{12} & k_{13} \end{bmatrix}, \boldsymbol{K}_2 = \begin{bmatrix} k_{21} & k_{22} \\ p_{11}\dfrac{\partial^4}{\partial \xi^4} + p_{22} & k_{23} \end{bmatrix}$$

以及状态 $x(t) := \begin{bmatrix} z(\xi,t) \\ z_t(\xi,t) \end{bmatrix}$ 和控制 $w(t) := \begin{bmatrix} w_1(\xi,t) \\ w_2(\xi,t) \end{bmatrix}$。

定理 5.6 给定标量

$\beta > 0, a > 0, \mu_0 > 0, \mu_1, a_0, a_1, b, b_0, b_1, b_2, c_1, c_2, m_1, m_2, n_1, n_2, k_{11}, k_{12}, k_{13}, p_{12}, k_{21}, k_{22}, k_{23}$ 以及 p_{22}，如果存在常数 $\varepsilon > 0$，对称正定矩阵

$$\boldsymbol{Q}_m = \begin{bmatrix} q_{01} + (a+h_3)q_{03} & q_{02} \\ q_{02} & q_{03} \end{bmatrix} > 0 \ (q_{03} > 0)$$

以及非负定矩阵 $\boldsymbol{Q}_2 \geqslant 0$，使得下列 LMI 成立：

$$q_{02} - \beta q_{03} > 0 \tag{5.51}$$

$$\begin{bmatrix} \boldsymbol{\Pi} & \boldsymbol{Q}_m(\boldsymbol{B} - \boldsymbol{E}\boldsymbol{K}_{1m}\boldsymbol{N}) + \boldsymbol{C}^{\mathrm{T}}\boldsymbol{Q}_m\boldsymbol{D} & \boldsymbol{Q}_m\boldsymbol{E} - \varepsilon\boldsymbol{M}^{\mathrm{T}}(\boldsymbol{K}_{2m} - \boldsymbol{K}_{1m})^{\mathrm{T}} \\ * & -\mathrm{e}^{-2\beta h}\boldsymbol{Q}_2 + \boldsymbol{D}^{\mathrm{T}}\boldsymbol{Q}_m\boldsymbol{D} & -\varepsilon\boldsymbol{N}^{\mathrm{T}}(\boldsymbol{K}_{2m} - \boldsymbol{K}_{1m})^{\mathrm{T}} \\ * & * & -2\varepsilon\boldsymbol{I} \end{bmatrix} < 0 \tag{5.52}$$

式中

$$\boldsymbol{\Pi} := \boldsymbol{Q}_m \begin{bmatrix} \beta & 1 \\ -a_0 - a - h_1 - h_3 & \beta - \mu_0 - h_2 \end{bmatrix} + \begin{bmatrix} \beta & -a_0 - a - h_1 - h_3 \\ 1 & \beta - \mu_0 - h_2 \end{bmatrix} \boldsymbol{Q}_m + \boldsymbol{C}^{\mathrm{T}}\boldsymbol{Q}_m\boldsymbol{C} + \boldsymbol{Q}_2$$

$$h_1 := c_1 k_{11} m_1 + c_2 p_{12} m_1,\ h_2 := c_1 k_{12} m_2 + c_2 k_{13} m_2,\ h_3 := c_2 p_{11} m_1 > 0$$

$$\boldsymbol{K}_{1m} := \begin{bmatrix} k_{11} & k_{12} \\ p_{12} & k_{13} \end{bmatrix},\ \boldsymbol{K}_{2m} := \begin{bmatrix} k_{21} & k_{22} \\ p_{22} & k_{23} \end{bmatrix}$$

则边值问题(5.49)、(5.50)为扇区$[\boldsymbol{K}_1, \boldsymbol{K}_2]$中随机绝对均方指数稳定的。

证明 针对随机波动方程（5.49），考虑式（5.37）中 Lyapunov-Krasovskii 泛函 V，其中

$$\boldsymbol{Q}_1 := \begin{bmatrix} q_{01} - a q_{03} \nabla^2 + h_3 q_{03} \dfrac{\partial^4}{\partial \xi^4} & q_{02} \\ q_{02} & q_{03} \end{bmatrix},\ \boldsymbol{Q}_2 \geqslant 0 \tag{5.53}$$

下面分几步加以证明。

第 1 步：利用引理 5.2 的 Wirtinger 不等式，对于任意 $x \neq 0$，有

$$\begin{aligned} \langle x, \boldsymbol{Q}_1 x \rangle &= -a q_{03} \int_0^{\pi} z \cdot \nabla^2 z \, \mathrm{d}\xi + h_3 q_{03} \int_0^{\pi} z \cdot \frac{\partial^4}{\partial \xi^4} z \, \mathrm{d}\xi \\ &\quad + \left\langle x, \begin{bmatrix} q_{01} & q_{02} \\ q_{02} & q_{03} \end{bmatrix} x \right\rangle \\ &\geqslant (a + h_3) q_{03} \int_0^{\pi} z^2 \mathrm{d}\xi + \left\langle x, \begin{bmatrix} q_{01} & q_{02} \\ q_{02} & q_{03} \end{bmatrix} x \right\rangle \\ &= \langle x, \boldsymbol{Q}_m x \rangle > 0 \end{aligned} \tag{5.54}$$

结合算子$\boldsymbol{Q}_1$的自伴性，式（5.54）意味着算子$\boldsymbol{Q}_1$为正定的。

第 2 步：利用不等式（5.51），有

$$\begin{aligned} &\left\langle x, \left((\boldsymbol{A} - \boldsymbol{E}\boldsymbol{K}_1\boldsymbol{M} + \beta \boldsymbol{I})^* \boldsymbol{Q}_1 + \boldsymbol{Q}_1 (\boldsymbol{A} - \boldsymbol{E}\boldsymbol{K}_1\boldsymbol{M} + \beta \boldsymbol{I}) \right) x \right\rangle \\ &= \left\langle x, \left(\begin{bmatrix} \beta & 1 \\ a\nabla^2 - h_3 \dfrac{\partial^4}{\partial \xi^4} - a_0 - h_1 & \beta - \mu_0 - h_2 \end{bmatrix}^* \begin{bmatrix} q_{01} - a q_{03} \nabla^2 + h_3 q_{03} \dfrac{\partial^4}{\partial \xi^4} & q_{02} \\ q_{02} & q_{03} \end{bmatrix} \right.\right. \\ &\quad \left.\left. + \begin{bmatrix} q_{01} - a q_{03} \nabla^2 + h_3 q_{03} \dfrac{\partial^4}{\partial \xi^4} & q_{02} \\ q_{02} & q_{03} \end{bmatrix} \begin{bmatrix} \beta & 1 \\ a\nabla^2 - h_3 \dfrac{\partial^4}{\partial \xi^4} - a_0 - h_1 & \beta - \mu_0 - h_2 \end{bmatrix} \right) x \right\rangle \end{aligned}$$

$$\leqslant \left\langle x, \left(\boldsymbol{Q}_m \begin{bmatrix} \beta & 1 \\ -a_0 - a - h_1 - h_3 & \beta - \mu_0 - h_2 \end{bmatrix} + \begin{bmatrix} \beta & -a_0 - a - h_1 - h_3 \\ 1 & \beta - \mu_0 - h_2 \end{bmatrix} \boldsymbol{Q}_m \right) x \right\rangle$$

根据上述分析，如果 LMI 式（5.51）、式（5.52）成立，则 LOI 式（5.48）成立，从而根据定理 5.5，证毕。

注释 5.2 针对随机波动方程(5.49)，其中系数$a=30, \mu_0=20, \mu_1=-0.2, a_0=0.14, a_1=-0.12, b=1.2, b_0=1.5, b_1=0.2, b_2=-0.1, c_1=1.3, c_2=0.2, \boldsymbol{M}=\begin{bmatrix}1 & 0\\ 0 & 2\end{bmatrix}, \boldsymbol{N}=\begin{bmatrix}0 & 0\\ 1.2 & 0.3\end{bmatrix}, \boldsymbol{K}_{1m}=\begin{bmatrix}1 & 0\\ 0 & 0.2\end{bmatrix}, \boldsymbol{K}_{2m}=\begin{bmatrix}2 & 0\\ 0 & 0.9\end{bmatrix}, p_{11}=1, h_1=1.3, h_2=0.08, h_3=0.2$，

根据定理 5.6，系统（5.49）、系统（5.50）为扇区$[\boldsymbol{K}_1, \boldsymbol{K}_2]$中以衰减率$\beta=1.3$和最大时滞$h_{\max}=1.5420$的随机绝对均方指数稳定的，其中算子

$$\boldsymbol{K}_1 = \begin{bmatrix} 0 & 0 \\ p_{11}\dfrac{\partial^4}{\partial \xi^4} & 0 \end{bmatrix} + \boldsymbol{K}_{1m},\ \boldsymbol{K}_2 = \begin{bmatrix} 0 & 0 \\ p_{11}\dfrac{\partial^4}{\partial \xi^4} & 0 \end{bmatrix} + \boldsymbol{K}_{2m}$$

参 考 文 献

[1] Sontag E D. Smooth stabilization implies coprime factorization. IEEE Transactions on Automatic Control，1989，34（4）：435-443.

[2] Sontag E D. Further facts about input to state stabilization. IEEE Transactions on Automatic Control，1990，35（4）：473-476.

[3] Jiang Z P，Wang Y. Input-to-state stability for discrete-time nonlinear systems. Automatica，2001，37（6）：857-869.

[4] Hu G D，Liu M Z. Input-to-state stability of Runge-Kutta methods for nonlinear control systems. Journal of Computational and Applied Mathematics，2007，205（1）：633-639.

[5] Lur'e A I，Postnikov V N. On the theory of stability of control systems. Prikladnaya Matematika i Mekhanika，1944，8：246-248.

[6] Han Q L. Robust absolute stability criteria for uncertain Lur'e systems of neutral type. International Journal of Robust and Nonlinear Control，2008，18（3）：278-295.

[7] Han Q L. A new delay-dependent absolute stability criterion for a class of nonlinear neutral systems. Automatica，2008，44（1）：272-277.

[8] Hairer E. Solving ordinary differential equations I：Nonstiff Problems. Berlin：Springer，1991.

[9] Kushner H J. Stochastic stability and control. New York：Academic，1967.

[10] Khalil H K. Nonlinear systems. Upper Saddle River：Prentice Hall，1996.

[11] Tai Z X，Lun S X. Absolutely exponential stability of Lur'e distributed parameter control systems. Applied Mathematics Letters，2012，25（3）：232-236.

[12] Tai Z X. Input-to-state stability for Lur'e stochastic distributed parameter control systems. Applied Mathematics Letters，2012，25（4）：706-711.

[13] Tai Z X. Absolutely mean square exponential stability of Lur'e stochastic distributed parameter control systems. Applied Mathematics Letters，2012，25（4）：712-716.

[14] Tai Z X，Wang X C，Shi Y，et al. Input-to-state stability of Lur'e hyperbolic distributed complex-valued parameter control systems：LOI approach. Mathematical Problems in Engineering，2013，Vol.2013，Article ID 364057，4 Pages.

第 6 章　线性不确定性中立型泛函定常时滞系统的鲁棒稳定性研究

6.1　引　　言

动态系统的稳定性分析在控制系统设计中起着重要作用。当系统存在不确定性时，估计能保证系统稳定的不确定参数的上界是必要的。稳定性分析的重要作用在于可以定义反馈增益使得所产生的闭环系统有更大的鲁棒稳定性上界。由于中立型时滞微分系统在无损耗传输线[1,2]、工程控制[2-4]以及人口生态学[5]等领域有着广泛的应用，所以关于它的研究已得到相当大的关注。目前，已利用 Lyapunov 方法、特征方程方法和状态解方法，建立了关于中立型时滞微分系统稳定性分析的许多结果。根据时滞依赖与否，现存结果可以分成两类：时滞独立和时滞依赖。在文献[6]、[7]、[11]～[22]中，建立了若干关于该系统渐近稳定性的时滞独立和时滞依赖充分条件。

虽然中立型系统稳定性包括鲁棒稳定性的研究已取得许多成果，但是关于线性中立型泛函微分系统稳定性分析的研究成果目前仍是有限的[8-10]。此外，根据作者所知，关于不确定中立型泛函微分系统鲁棒稳定性分析的问题目前仍尚待解决，这激发了本章的研究。事实上，由于存在外部未知噪声、环境影响以及不确定或慢变参数等，系统模型总是包含某些不确定性，不确定性可以影响系统的动态特性。因此，研究不确定中立型泛函微分系统鲁棒稳定性分析的问题以便更好地理解该系统行为和结构属性是有价值的。

本章研究了线性不确定中立型泛函微分系统的鲁棒稳定性问题。文献[11]和[12]中关于渐近稳定性的时滞独立条件被推广到不确定中立型泛函系统，该推广提出了新的不确定性概念：变差有界不确定性。该新概念是中立型泛函系统所独有的，因为在具体中立型时滞微分系统中，仅能讨论范数有界或多面体不确定性的问题。

具体来讲，本章首先通过检验特征根在复平面的位置，推导出了范数有界不确定中立型泛函系统的若干稳定性判据。其次，从系统矩阵谱半径的角度，建立了关于变差有界不确定中立型泛函系统渐近稳定性的若干时滞依赖充分条件，该条件易于使用 Matlab 中的优化工具箱检验。在小节 6.4 中，通过示例表明了本章所得的结果，相对文献[8]中给出的结果，提供了能保证系统渐近稳定的更大的时滞上界和系统参数鲁棒区间，因而是不保守的。

6.2 系统描述和预备知识

令 $\mathrm{Re}(s)$ 和 $\mathrm{Im}(s)$ 分别代表复数 s 的实部和虚部，$\rho(\boldsymbol{A}),\sigma(\boldsymbol{A}),\lambda_j(\boldsymbol{A})$, $\mu[\boldsymbol{A}]$ 和 $\|\boldsymbol{A}\|$ 分别表示矩阵 $\boldsymbol{A}$ 的谱半径、谱、第 j 个特征值、测度和谱范数，$\boldsymbol{I}$ 表示单位阵。令 $\boldsymbol{W}\in C^{n\times n}$，其矩阵元素为 w_{jk}；$|\boldsymbol{W}|\in R^{n\times n}$ 为非负矩阵，其矩阵元素为 $|w_{jk}|$。令 $\boldsymbol{U}=\{u_{jk}\}\in R^{n\times n}$，$\boldsymbol{V}=\{v_{jk}\}\in R^{n\times n}$，那么 $\boldsymbol{U}\geqslant\boldsymbol{V}$ 当且仅当对任意 (j,k)，$u_{jk}\geqslant v_{jk}$。

引理 6.1[23] 令 $\boldsymbol{W}\in C^{n\times n}$ 和 $\boldsymbol{V}\in R^{n\times n}$，如果 $|\boldsymbol{W}|\leqslant\boldsymbol{V}$，那么有

$$\rho(\boldsymbol{W})\leqslant\rho(|\boldsymbol{W}|)\leqslant\rho(\boldsymbol{V}) \tag{6.1}$$

$$|\boldsymbol{W}\boldsymbol{V}|\leqslant|\boldsymbol{W}||\boldsymbol{V}| \tag{6.2}$$

$$|\boldsymbol{W}+\boldsymbol{V}|\leqslant|\boldsymbol{W}|+|\boldsymbol{V}| \tag{6.3}$$

引理 6.2[23] 令 $\boldsymbol{W}\in C^{n\times n}$，如果 $\rho(\boldsymbol{W})<1$，那么矩阵 $(\boldsymbol{I}-\boldsymbol{W})^{-1}$ 存在并且有

$$(\boldsymbol{I}-\boldsymbol{W})^{-1}=\boldsymbol{I}+\boldsymbol{W}+\boldsymbol{W}^2+\cdots \tag{6.4}$$

引理 6.3[24] 对复矩阵 $\boldsymbol{Q},\boldsymbol{W}\in C^{n\times n}$，下列不等式成立：

$$\mathrm{Re}(\lambda_i(\boldsymbol{Q}))\leqslant\mu[\boldsymbol{Q}]\leqslant\|\boldsymbol{Q}\| \tag{6.5}$$

$$\mu[\boldsymbol{Q}+\boldsymbol{W}]\leqslant\mu[\boldsymbol{Q}]+\mu[\boldsymbol{W}] \tag{6.6}$$

定义 6.1[25] 矩阵函数 $\boldsymbol{\eta}(\cdot):[\alpha,\beta]\to R^{m\times n}$ 被称为变差有界的，如果

$$Var(\boldsymbol{\eta};\alpha,\beta):=\sup_{P[\alpha,\beta]}\sum_k\|\boldsymbol{\eta}(\theta_k)-\boldsymbol{\eta}(\theta_{k-1})\|<+\infty \tag{6.7}$$

其中上确界是在区间$[\alpha,\beta]$的所有有限划分的集合上选取。在区间$[\alpha,\beta]$上满足$\boldsymbol{\eta}(\alpha)=0$的具有有界变差的矩阵函数$\boldsymbol{\eta}(\cdot)$的集合被表示为$BV([\alpha,\beta],R^{m\times n})$，该集合形成一个Banach空间，赋予范数$\|\boldsymbol{\eta}\|:=Var(\boldsymbol{\eta};\alpha,\beta)$。

设$NBV([-h,0],R^{m\times n}):=\{\boldsymbol{\eta}\in BV([-h,0],R^{m\times n}):\boldsymbol{\eta}$ 在区间$(-h,0)$上是左连续的$\}$，那么它是$BV([-h,0],R^{m\times n})$的子空间，将在本章中使用。

引理 6.4[25] 令$C([-h,0],R^n)$为区间$[-h,0]$上所有连续函数形成的Banach空间，并且$L:C([-h,0],R^n)\to R^n$为线性有界算子。基于Riesz表示定理，存在唯一的矩阵函数$\boldsymbol{\eta}(\cdot)\in NBV([-h,0],R^{n\times n})$，使得

$$L\varphi=\int_{-h}^{0}\mathrm{d}[\boldsymbol{\eta}(\theta)]\varphi(\theta),\forall\varphi\in C([-h,0],R^n)\tag{6.8}$$

引理 6.5[25] 如果$\boldsymbol{\xi}(\cdot)$在原点处是非最小的，即当$s\to 0$，$Var(\boldsymbol{\xi};-s,0)\to 0$。那么，下列线性中立型泛函微分方程

$$\frac{\mathrm{d}}{\mathrm{d}t}Dx_t=\boldsymbol{A}x(t)+Lx_t\tag{6.9}$$

的初值问题在区间$[-h,\infty)$上存在唯一解$x(\cdot,\phi)$，其中$\boldsymbol{A}\in R^{n\times n}$为给定矩阵，矩阵函数$\boldsymbol{\xi}(\cdot),\boldsymbol{\eta}(\cdot)\in NBV([-h,0],R^{n\times n})$，$D,L:C([-h,0],R^n)\to R^n$为给定的线性有界算子：

$$D\varphi=\varphi(0)-\int_{-h}^{0}\mathrm{d}[\boldsymbol{\xi}(\theta)]\varphi(\theta)\tag{6.10}$$

$$L\varphi=\int_{-h}^{0}\mathrm{d}[\boldsymbol{\eta}(\theta)]\varphi(\theta),\varphi\in C([-h,0],R^n)\tag{6.11}$$

引理 6.6[25] 如果$a_D:=\sup\{\mathrm{Re}(s):\Delta(s)=0\}$并且$a_D<0$，其中$\Delta(s):=\det\left(s\left(\boldsymbol{I}-\int_{-h}^{0}\mathrm{e}^{s\theta}\mathrm{d}[\boldsymbol{\xi}(\theta)]\right)-\boldsymbol{A}-\int_{-h}^{0}\mathrm{e}^{s\theta}\mathrm{d}[\boldsymbol{\eta}(\theta)]\right)$，那么系统（6.9）为渐近稳定的。

对矩阵函数$\boldsymbol{\gamma}(\cdot)=(\gamma_{ij}(\cdot))\in NBV([\alpha,\beta],C^{m\times n})$，定义矩阵$\boldsymbol{V}_\gamma=(V_{\gamma_{ij}})\in R_+^{m\times n}$，其中$V_{\gamma_{ij}}:=Var(\gamma_{ij}:\alpha,\beta),i\in\{1,2,\cdots,m\}$和$j\in\{1,2,\cdots,n\}$。使用这些记号，有下列引理。

引理 6.7[8] 假设$\boldsymbol{\gamma}\in NBV([-h,0],C^{m\times n})$和$s\in C,\mathrm{Re}(s)\geqslant 0$。那么，我们有

$$\left|\int_{-h}^{0} \mathrm{e}^{s\theta}\mathrm{d}[\boldsymbol{\gamma}(\theta)]\right| \leqslant \boldsymbol{V}_{\gamma} \text{和} \left\|\int_{-h}^{0} \mathrm{e}^{s\theta}\mathrm{d}[\boldsymbol{\gamma}(\theta)]\right\| \leqslant \|\boldsymbol{\gamma}\| \tag{6.12}$$

6.3 线性泛函定常时滞系统的稳定性

考虑范数有界不确定中立型泛函微分系统：

$$\frac{\mathrm{d}}{\mathrm{d}t}Dx_t = (\boldsymbol{A}+\Delta\boldsymbol{A})x(t) + Lx_t \tag{6.13}$$

式中，$Dx_t := x(t) - \int_{-h}^{0}\mathrm{d}[(\boldsymbol{\xi}+\Delta\boldsymbol{\xi})\theta]x(t+\theta), Lx_t := \int_{-h}^{0}\mathrm{d}[(\boldsymbol{\eta}+\Delta\boldsymbol{\eta})\theta]x(t+\theta)$，$\boldsymbol{\xi}(\cdot),\boldsymbol{\eta}(\cdot),\Delta\boldsymbol{\xi}(\cdot),\ \Delta\boldsymbol{\eta}(\cdot)\in NBV([-h,0],R^{n\times n})$，$\boldsymbol{\xi}(\cdot)$ 和 $\Delta\boldsymbol{\xi}(\cdot)$ 在原点处是非最小的，$\|\Delta\boldsymbol{A}\| \leqslant A_M, \|\Delta\boldsymbol{\xi}\| \leqslant \xi_M$ 和 $\|\Delta\boldsymbol{\eta}\| \leqslant \eta_M$。

定理 6.1 令 s 为系统（6.13）的特征根且 $\mathrm{Re}(s) \geqslant 0$。标记以下记号：

$$E = \mu[\boldsymbol{A}] + A_M + \|\boldsymbol{\eta}\| + \eta_M + X \tag{6.14}$$

$$F = \mu[-\mathrm{i}\boldsymbol{A}] + A_M + \|\boldsymbol{\eta}\| + \eta_M + X \tag{6.15}$$

式中，$\mathrm{i}^2 = -1$ 并且

$$X = \frac{\left(\|\boldsymbol{\xi}\boldsymbol{A}\| + \|\boldsymbol{\xi}\|A_M + \xi_M\|\boldsymbol{A}\| + \xi_M A_M\right) + \left(\|\boldsymbol{\xi}\| + \xi_M\right)\left(\|\boldsymbol{\eta}\| + \eta_M\right)}{1 - \left(\|\boldsymbol{\xi}\| + \xi_M\right)} \tag{6.16}$$

如果 $\|\boldsymbol{\xi}\| + \xi_M < 1$ 并且 $E \geqslant 0$，那么下列不等式成立：

$$0 \leqslant \mathrm{Re}(s) \leqslant E,\quad -F \leqslant \mathrm{Im}(s) \leqslant F \tag{6.17}$$

证明 由于 s 是系统(6.13)的特征根并且 $\mathrm{Re}(s) \geqslant 0$ 以及 $\|\boldsymbol{\xi}\| + \xi_M < 1$，我们有

$$\left\|\int_{-h}^{0}\mathrm{e}^{s\theta}\mathrm{d}[(\boldsymbol{\xi}+\Delta\boldsymbol{\xi})\theta]\right\| \leqslant \|\boldsymbol{\xi}\| + \|\Delta\boldsymbol{\xi}\| \leqslant \|\boldsymbol{\xi}\| + \xi_M < 1 \tag{6.18}$$

因此，矩阵 $\left(\boldsymbol{I} - \int_{-h}^{0}\mathrm{e}^{s\theta}\mathrm{d}[(\boldsymbol{\xi}+\Delta\boldsymbol{\xi})\theta]\right)^{-1}$ 存在，我们有

$$\begin{aligned}\varDelta(s) = &\det\left(\boldsymbol{I} - \int_{-h}^{0}\mathrm{e}^{s\theta}\mathrm{d}[(\boldsymbol{\xi}+\Delta\boldsymbol{\xi})\theta]\right)\det\left(s\boldsymbol{I} - \left(\boldsymbol{I} - \int_{-h}^{0}\mathrm{e}^{s\theta}\mathrm{d}[(\boldsymbol{\xi}+\Delta\boldsymbol{\xi})\theta]\right)^{-1}\right.\\ &\left.\times\left(\boldsymbol{A} + \Delta\boldsymbol{A} + \int_{-h}^{0}\mathrm{e}^{s\theta}\mathrm{d}[(\boldsymbol{\eta}+\Delta\boldsymbol{\eta})\theta]\right)\right) = 0\end{aligned} \tag{6.19}$$

这等价于下列条件：

$$\det\left(s\boldsymbol{I}-\left(\boldsymbol{I}-\int_{-h}^{0}\mathrm{e}^{s\theta}\mathrm{d}[(\boldsymbol{\xi}+\Delta\boldsymbol{\xi})\theta]\right)^{-1}\left(\boldsymbol{A}+\Delta\boldsymbol{A}+\int_{-h}^{0}\mathrm{e}^{s\theta}\mathrm{d}[(\boldsymbol{\eta}+\Delta\boldsymbol{\eta})\theta]\right)\right)=0 \quad (6.20)$$

因此，存在整数$k,1\leqslant k\leqslant n$，使得

$$s=\lambda_k\left(\left(\boldsymbol{I}-\int_{-h}^{0}\mathrm{e}^{s\theta}\mathrm{d}[(\boldsymbol{\xi}+\Delta\boldsymbol{\xi})\theta]\right)^{-1}\left(\boldsymbol{A}+\Delta\boldsymbol{A}+\int_{-h}^{0}\mathrm{e}^{s\theta}\mathrm{d}[(\boldsymbol{\eta}+\Delta\boldsymbol{\eta})\theta]\right)\right) \quad (6.21)$$

根据引理 6.3，我们有

$$\begin{aligned}
0\leqslant \mathrm{Re}(s)&=\mathrm{Re}\,\lambda_k\left(\left(\boldsymbol{I}-\int_{-h}^{0}\mathrm{e}^{s\theta}\mathrm{d}[(\boldsymbol{\xi}+\Delta\boldsymbol{\xi})\theta]\right)^{-1}\right.\\
&\quad\left.\times\left(\boldsymbol{A}+\Delta\boldsymbol{A}+\int_{-h}^{0}\mathrm{e}^{s\theta}\mathrm{d}[(\boldsymbol{\eta}+\Delta\boldsymbol{\eta})\theta]\right)\right)\\
&\leqslant\mu\left(\left(\boldsymbol{I}-\int_{-h}^{0}\mathrm{e}^{s\theta}\mathrm{d}[(\boldsymbol{\xi}+\Delta\boldsymbol{\xi})\theta]\right)^{-1}\left(\boldsymbol{A}+\Delta\boldsymbol{A}+\int_{-h}^{0}\mathrm{e}^{s\theta}\mathrm{d}[(\boldsymbol{\eta}+\Delta\boldsymbol{\eta})\theta]\right)\right)\\
&=\mu\left(\left(\boldsymbol{I}+\int_{-h}^{0}\mathrm{e}^{s\theta}\mathrm{d}[(\boldsymbol{\xi}+\Delta\boldsymbol{\xi})\theta]+\left(\int_{-h}^{0}\mathrm{e}^{s\theta}\mathrm{d}[(\boldsymbol{\xi}+\Delta\boldsymbol{\xi})\theta]\right)^{2}+\cdots\right)\right.\\
&\quad\left.\times\left(\boldsymbol{A}+\Delta\boldsymbol{A}+\int_{-h}^{0}\mathrm{e}^{s\theta}\mathrm{d}[(\boldsymbol{\eta}+\Delta\boldsymbol{\eta})\theta]\right)\right)\\
&=\mu\left(\left(\boldsymbol{A}+\Delta\boldsymbol{A}+\int_{-h}^{0}\mathrm{e}^{s\theta}\mathrm{d}[(\boldsymbol{\eta}+\Delta\boldsymbol{\eta})\theta]\right)\right.\\
&\quad+\left(\int_{-h}^{0}\mathrm{e}^{s\theta}\mathrm{d}[(\boldsymbol{\xi}+\Delta\boldsymbol{\xi})\theta]+\left(\int_{-h}^{0}\mathrm{e}^{s\theta}\mathrm{d}[(\boldsymbol{\xi}+\Delta\boldsymbol{\xi})\theta]\right)^{2}+\cdots\right)\\
&\quad\left.\times\left(\boldsymbol{A}+\Delta\boldsymbol{A}+\int_{-h}^{0}\mathrm{e}^{s\theta}\mathrm{d}[(\boldsymbol{\eta}+\Delta\boldsymbol{\eta})\theta]\right)\right)\\
&\leqslant\mu[\boldsymbol{A}]+A_M+\|\boldsymbol{\eta}\|+\eta_M+\left\|\boldsymbol{I}+\int_{-h}^{0}\mathrm{e}^{s\theta}\mathrm{d}[(\boldsymbol{\xi}+\Delta\boldsymbol{\xi})\theta]\right.\\
&\quad\left.+\left(\int_{-h}^{0}\mathrm{e}^{s\theta}\mathrm{d}[(\boldsymbol{\xi}+\Delta\boldsymbol{\xi})\theta]\right)^{2}+\cdots\right\|\times\left\|\int_{-h}^{0}\mathrm{e}^{s\theta}\mathrm{d}[(\boldsymbol{\xi}+\Delta\boldsymbol{\xi})(\boldsymbol{A}+\Delta\boldsymbol{A})\theta]\right.\\
&\quad\left.+\int_{-h}^{0}\mathrm{e}^{s\theta}\mathrm{d}[(\boldsymbol{\xi}+\Delta\boldsymbol{\xi})\theta]\int_{-h}^{0}\mathrm{e}^{s\theta}\mathrm{d}[(\boldsymbol{\eta}+\Delta\boldsymbol{\eta})\theta]\right\|\\
&\leqslant\mu[\boldsymbol{A}]+A_M+\|\boldsymbol{\eta}\|+\eta_M+\left(1+(\|\boldsymbol{\xi}\|+\xi_M)+(\|\boldsymbol{\xi}\|+\xi_M)^{2}+\cdots\right)
\end{aligned}$$

$$\times\left(\left(\|\boldsymbol{\xi A}\|+\|\boldsymbol{\xi}\|A_M+\xi_M\|\boldsymbol{A}\|+\xi_M A_M\right)+\left(\|\boldsymbol{\xi}\|+\xi_M\right)\left(\|\boldsymbol{\eta}\|+\eta_M\right)\right)$$

$$=\mu[\boldsymbol{A}]+A_M+\|\boldsymbol{\eta}\|+\eta_M$$

$$+\frac{\left(\|\boldsymbol{\xi A}\|+\|\boldsymbol{\xi}\|A_M+\xi_M\|\boldsymbol{A}\|+\xi_M A_M\right)+\left(\|\boldsymbol{\xi}\|+\xi_M\right)\left(\|\boldsymbol{\eta}\|+\eta_M\right)}{1-\left(\|\boldsymbol{\xi}\|+\xi_M\right)}$$

$$=\mu[\boldsymbol{A}]+A_M+\|\boldsymbol{\eta}\|+\eta_M+X \tag{6.22}$$

注意到对任意复矩阵$\boldsymbol{Q}$， $\operatorname{Im}\lambda_k(\boldsymbol{Q})=\operatorname{Re}\lambda_k(-\mathrm{i}\boldsymbol{Q})$，我们有

$$\operatorname{Im}(s)=\operatorname{Re}\lambda_k\left(-\mathrm{i}\left(\boldsymbol{I}-\int_{-h}^{0}\mathrm{e}^{s\theta}\mathrm{d}[(\boldsymbol{\xi}+\Delta\boldsymbol{\xi})\theta]\right)^{-1}\right.$$
$$\left.\times\left(\boldsymbol{A}+\Delta\boldsymbol{A}+\int_{-h}^{0}\mathrm{e}^{s\theta}\mathrm{d}[(\boldsymbol{\eta}+\Delta\boldsymbol{\eta})\theta]\right)\right) \tag{6.23}$$

重复上述论述，并注意到由于矩阵$\boldsymbol{A},\boldsymbol{\eta}(\theta)$和$\boldsymbol{\xi}(\theta)$是实的，系统（6.13）的特征根相对于复平面的实轴是对称的，于是该定理证毕。

定理 6.2 如果$\|\boldsymbol{\xi}\|+\xi_M<1$，那么系统（6.13）的特征方程的所有根都不趋近于$\pm\mathrm{i}\infty$。

证明 根据定理 6.1，只要考虑带负实部的特征根就足以证明该定理。假设$\{s_n\}$是一组特征根并且当$n\to+\infty$时， $\operatorname{Re}(s_n):=a_n\to 0_-$和$\operatorname{Im}(s_n)\to\pm\infty$。根据条件$\|\boldsymbol{\xi}\|+\xi_M<1$，于是存在较大的整数$n=n_0$，使得$c_{n_0}\left(\|\boldsymbol{\xi}\|+\xi_M\right)<1$，其中$c_{n_0}=\max_{-h\leqslant\theta\leqslant 0}\left\{\mathrm{e}^{a_{n_0}\theta}\right\}$。

当$n>n_0$时，我们有

$$\left\|\int_{-h}^{0}\mathrm{e}^{s_n\theta}\mathrm{d}[(\boldsymbol{\xi}+\Delta\boldsymbol{\xi})\theta]\right\|\leqslant c_n\left(\|\boldsymbol{\xi}\|+\xi_M\right)<c_{n_0}\left(\|\boldsymbol{\xi}\|+\xi_M\right)<1 \tag{6.24}$$

式中， $c_n=\max_{-h\leqslant\theta\leqslant 0}\left\{\mathrm{e}^{a_n\theta}\right\}$。

于是，矩阵$\left(\boldsymbol{I}-\int_{-h}^{0}\mathrm{e}^{s_n\theta}\mathrm{d}[(\boldsymbol{\xi}+\Delta\boldsymbol{\xi})\theta]\right)^{-1}$存在。此外，$\Delta(s_n)=0$意味着

$$\det\left(s_n\boldsymbol{I}-\left(\boldsymbol{I}-\int_{-h}^{0}\mathrm{e}^{s_n\theta}\mathrm{d}[(\boldsymbol{\xi}+\Delta\boldsymbol{\xi})\theta]\right)^{-1}\left(\boldsymbol{A}+\Delta\boldsymbol{A}+\int_{-h}^{0}\mathrm{e}^{s_n\theta}\mathrm{d}[(\boldsymbol{\eta}+\Delta\boldsymbol{\eta})\theta]\right)\right)$$
$$=0 \tag{6.25}$$

所以，有

$$s_n \in \sigma\left(\left(\boldsymbol{I}-\int_{-h}^{0} \mathrm{e}^{s_n\theta}\mathrm{d}[(\boldsymbol{\xi}+\Delta\boldsymbol{\xi})\theta]\right)^{-1}\left(\boldsymbol{A}+\Delta\boldsymbol{A}+\int_{-h}^{0} \mathrm{e}^{s_n\theta}\mathrm{d}[(\boldsymbol{\eta}+\Delta\boldsymbol{\eta})\theta]\right)\right) \quad (6.26)$$

根据引理 6.1，引理 6.2 和引理 6.7，有

$$\begin{aligned}
|\mathrm{Im}(s_n)| &\leqslant |s_n| \\
&\leqslant \rho\left(\left(\boldsymbol{I}-\int_{-h}^{0} \mathrm{e}^{s_n\theta}\mathrm{d}[(\boldsymbol{\xi}+\Delta\boldsymbol{\xi})\theta]\right)^{-1}\right. \\
&\qquad \left.\times\left(\boldsymbol{A}+\Delta\boldsymbol{A}+\int_{-h}^{0} \mathrm{e}^{s_n\theta}\mathrm{d}[(\boldsymbol{\eta}+\Delta\boldsymbol{\eta})\theta]\right)\right) \\
&\leqslant \left\|\left(\boldsymbol{I}-\int_{-h}^{0} \mathrm{e}^{s_n\theta}\mathrm{d}[(\boldsymbol{\xi}+\Delta\boldsymbol{\xi})\theta]\right)^{-1}\left(\boldsymbol{A}+\Delta\boldsymbol{A}+\int_{-h}^{0} \mathrm{e}^{s_n\theta}\mathrm{d}[(\boldsymbol{\eta}+\Delta\boldsymbol{\eta})\theta]\right)\right\| \\
&\leqslant \left(1-\left\|\int_{-h}^{0} \mathrm{e}^{s_n\theta}\mathrm{d}[(\boldsymbol{\xi}+\Delta\boldsymbol{\xi})\theta]\right\|\right)^{-1} \\
&\qquad \times\left(\|\boldsymbol{A}\|+\|\Delta\boldsymbol{A}\|+\left\|\int_{-h}^{0} \mathrm{e}^{s_n\theta}\mathrm{d}[(\boldsymbol{\eta}+\Delta\boldsymbol{\eta})\theta]\right\|\right) \\
&\leqslant \left(1-c_n\left(\|\boldsymbol{\xi}\|+\|\Delta\boldsymbol{\xi}\|\right)\right)^{-1}\left(\|\boldsymbol{A}\|+A_M+c_n\left(\|\boldsymbol{\eta}\|+\|\Delta\boldsymbol{\eta}\|\right)\right) \\
&\leqslant \frac{\|\boldsymbol{A}\|+A_M+c_{n_0}\left(\|\boldsymbol{\eta}\|+\eta_M\right)}{1-c_{n_0}\left(\|\boldsymbol{\xi}\|+\xi_M\right)}
\end{aligned} \quad (6.27)$$

这意味着 $|\mathrm{Im}(s_n)|$ 是有界的，与假设 $\mathrm{Im}(s_n)\to\pm\infty$ 相矛盾，于是该定理证毕。

根据引理 6.6 以及定理 6.1 和定理 6.2，直接有下列定理。

定理 6.3 假设 $\|\boldsymbol{\xi}\|+\xi_M<1$ 并且 $E\geqslant 0$。那么，系统（6.13）为渐近稳定的当且仅当它的特征方程在有界长方形区域 $D:=\{s\in C:0\leqslant \mathrm{Re}(s)\leqslant E, -F\leqslant \mathrm{Im}(s)\leqslant F\}$ 中没有根，其中记号 E 和 F 如在定理 6.1 中定义。

注释 6.1 在不考虑不确定性时，通过利用文献[8]中注释 3.7 的相似论述，文献[11]中的定理 3.1 可以从本章定理 6.1 中得到，其中对 $s\in C$ 和 $\mathrm{Re}(s)\geqslant 0$，

$$\left\|\int_{-h}^{0}\mathrm{e}^{s\theta}\mathrm{d}[\boldsymbol{\xi}(\theta)]\int_{-h}^{0}\mathrm{e}^{s\theta}\mathrm{d}[\boldsymbol{\eta}(\theta)]\right\|=\left\|\sum_{i=1}^{k}\int_{-h}^{0}\mathrm{e}^{s\theta}\mathrm{d}[\boldsymbol{\xi}_i(\theta)]\sum_{j=1}^{k}\int_{-h}^{0}\mathrm{e}^{s\theta}\mathrm{d}[\boldsymbol{\eta}_j(\theta)]\right\|$$
$$=\left\|\sum_{i=1}^{k}\mathrm{e}^{-sh_i}\boldsymbol{C}_i\sum_{j=1}^{k}\mathrm{e}^{-sh_j}\boldsymbol{B}_j\right\|\leqslant\sum_{i=1}^{k}\left(\sum_{j=1}^{k}\left\|\boldsymbol{C}_i\boldsymbol{B}_j\right\|\right)\quad(6.28)$$

以下，我们将建立变差有界不确定中立型泛函系统渐近稳定性的充分条件。

考虑变差有界不确定中立型泛函微分系统：

$$\frac{\mathrm{d}}{\mathrm{d}t}Dx_t=(\boldsymbol{A}+\Delta\boldsymbol{A})x(t)+Lx_t\qquad(6.29)$$

式中，$Dx_t=x(t)-\int_{-h}^{0}\mathrm{d}[(\boldsymbol{\xi}+\Delta\boldsymbol{\xi})\theta]x(t+\theta)$，$Lx_t=\int_{-h}^{0}\mathrm{d}[(\boldsymbol{\eta}+\Delta\boldsymbol{\eta})\theta]x(t+\theta)$，$\boldsymbol{\xi}(\cdot)$, $\boldsymbol{\eta}(\cdot)$, $\Delta\boldsymbol{\xi}(\cdot)$, $\Delta\boldsymbol{\eta}(\cdot)\in NBV([-h,0],R^{n\times n})$，$\boldsymbol{\xi}(\cdot)$ 和 $\Delta\boldsymbol{\xi}(\cdot)$ 在原点处是非最小的并且 $|\Delta\boldsymbol{A}|\leqslant\boldsymbol{S}_A$, $\boldsymbol{V}_{(\Delta\eta+\Delta\xi)}\leqslant\boldsymbol{S}_1$, $\boldsymbol{V}_{(\Delta\eta-\Delta\xi)}\leqslant\boldsymbol{S}_2$（矩阵 $\boldsymbol{S}_A$, $\boldsymbol{S}_1$ 和 $\boldsymbol{S}_2$ 都是非负矩阵）。

假设系统矩阵 $\boldsymbol{A}$ 为 Hurwitz 的，$s\in C$ 和 $\mathrm{Re}(s)\geqslant 0$。标记记号如下：

$$\hat{\boldsymbol{N}}:=(\boldsymbol{I}+\boldsymbol{A})(\boldsymbol{I}-\boldsymbol{A})^{-1}$$

$$\begin{aligned}\boldsymbol{L}(s)&:=\left(\int_{-h}^{0}\mathrm{e}^{s\theta}\mathrm{d}[(\boldsymbol{\eta}+\Delta\boldsymbol{\eta})\theta]+\Delta\boldsymbol{A}+\int_{-h}^{0}\mathrm{e}^{s\theta}\mathrm{d}[(\boldsymbol{\xi}+\Delta\boldsymbol{\xi})\theta]\right)(\boldsymbol{I}-\boldsymbol{A})^{-1}\\&=\int_{-h}^{0}\mathrm{e}^{s\theta}\mathrm{d}[(\boldsymbol{\eta}+\boldsymbol{\xi})(\boldsymbol{I}-\boldsymbol{A})^{-1}\theta]\\&\quad+\left(\int_{-h}^{0}\mathrm{e}^{s\theta}\mathrm{d}[(\Delta\boldsymbol{\eta}+\Delta\boldsymbol{\xi})\theta]+\Delta\boldsymbol{A}\right)(\boldsymbol{I}-\boldsymbol{A})^{-1}\end{aligned}\qquad(6.30)$$

$$\begin{aligned}\boldsymbol{M}(s)&:=\left(\int_{-h}^{0}\mathrm{e}^{s\theta}\mathrm{d}[(\boldsymbol{\eta}+\Delta\boldsymbol{\eta})\theta]+\Delta\boldsymbol{A}-\int_{-h}^{0}\mathrm{e}^{s\theta}\mathrm{d}[(\boldsymbol{\xi}+\Delta\boldsymbol{\xi})\theta]\right)(\boldsymbol{I}-\boldsymbol{A})^{-1}\\&=\int_{-h}^{0}\mathrm{e}^{s\theta}\mathrm{d}[(\boldsymbol{\eta}-\boldsymbol{\xi})(\boldsymbol{I}-\boldsymbol{A})^{-1}\theta]\\&\quad+\left(\int_{-h}^{0}\mathrm{e}^{s\theta}\,\mathrm{d}[(\Delta\boldsymbol{\eta}-\Delta\boldsymbol{\xi})\theta]+\Delta\boldsymbol{A}\right)(\boldsymbol{I}-\boldsymbol{A})^{-1}\end{aligned}\qquad(6.31)$$

分别利用文献[7]中定理 2.1 和文献[17]中引理 2.5 的相似证明方式，直接有下列引理。

引理 6.8 如果系统矩阵 $\boldsymbol{A}$ 为 Hurwitz 的并且对 $s\in C$，$\mathrm{Re}(s)\geqslant 0$，有下列不等式成立：

$$\sup\rho\left[\left(\int_{-h}^{0}\mathrm{e}^{s\theta}\mathrm{d}[(\boldsymbol{\eta}+\Delta\boldsymbol{\eta})\theta]+\Delta\boldsymbol{A}+s\int_{-h}^{0}\mathrm{e}^{s\theta}\mathrm{d}[(\boldsymbol{\xi}+\Delta\boldsymbol{\xi})\theta]\right)(s\boldsymbol{I}-\boldsymbol{A})^{-1}\right]$$
$$<1 \tag{6.32}$$

那么系统（6.29）为渐近稳定的。

引理 6.9 如果系统矩阵 $\boldsymbol{A}$ 为 Hurwitz 的，那么，对 $\mathrm{Re}(s)\geqslant 0,|z|\leqslant 1$ 和 $s=\dfrac{1-z}{1+z}$，有

$$\left(\int_{-h}^{0}\mathrm{e}^{s\theta}\mathrm{d}[(\boldsymbol{\eta}+\Delta\boldsymbol{\eta})\theta]+\Delta\boldsymbol{A}+s\int_{-h}^{0}\mathrm{e}^{s\theta}\mathrm{d}[(\boldsymbol{\xi}+\Delta\boldsymbol{\xi})\theta]\right)(s\boldsymbol{I}-\boldsymbol{A})^{-1}$$
$$=(\boldsymbol{L}(s)+z\boldsymbol{M}(s))\left(\boldsymbol{I}-z\hat{\boldsymbol{N}}\right)^{-1} \tag{6.33}$$

根据引理 6.8 和引理 6.9，我们有下列引理。

引理 6.10 如果系统矩阵 $\boldsymbol{A}$ 为 Hurwitz 的并且对 $\mathrm{Re}(s)\geqslant 0,|z|\leqslant 1$ 和 $s=\dfrac{1-z}{1+z}$，有

$$\sup\rho\left[(\boldsymbol{L}(s)+z\boldsymbol{M}(s))\left(\boldsymbol{I}-z\hat{\boldsymbol{N}}\right)^{-1}\right]<1 \tag{6.34}$$

那么系统（6.29）为渐近稳定的。

令系统矩阵 $\boldsymbol{A}$ 为 Hurwitz 的并且 $\rho\left(\left|\hat{\boldsymbol{N}}\right|\right)<1$，对整数 $q\geqslant 0$，标记如下记号：

$$\boldsymbol{K}(q):=\sum_{j=0}^{q}\boldsymbol{V}_{((\eta+\xi)(I-A)^{-1}\hat{N}+(\eta-\xi)(I-A)^{-1})\hat{N}^{j}}$$
$$+\boldsymbol{V}_{((\eta+\xi)(I-A)^{-1}\hat{N}+(\eta-\xi)(I-A)^{-1})\hat{N}^{q+1}}\left(\boldsymbol{I}-\left|\hat{\boldsymbol{N}}\right|\right)^{-1} \tag{6.35}$$

$$\boldsymbol{M}_1(q):=\left((\boldsymbol{S}_1+\boldsymbol{S}_A)\left|(\boldsymbol{I}-\boldsymbol{A})^{-1}\hat{\boldsymbol{N}}\right|+(\boldsymbol{S}_2+\boldsymbol{S}_A)\left|(\boldsymbol{I}-\boldsymbol{A})^{-1}\right|\right)$$
$$\times\left(\sum_{j=0}^{q}\left|\hat{\boldsymbol{N}}^{j}\right|+\left|\hat{\boldsymbol{N}}^{q+1}\right|\left(\boldsymbol{I}-\left|\hat{\boldsymbol{N}}\right|\right)^{-1}\right) \tag{6.36}$$

使用以上这些记号，我们有

引理 6.11 对任意整数 $q\geqslant 0$，下列不等式成立：

$$\boldsymbol{K}(q+1)\leqslant\boldsymbol{K}(q)，\quad\boldsymbol{M}_1(q+1)\leqslant\boldsymbol{M}_1(q)$$

证明： 直接计算，有

$$\begin{aligned}
&\boldsymbol{K}(q+1)-\boldsymbol{K}(q)\\
&=\boldsymbol{V}_{((\eta+\xi)(I-A)^{-1}\hat{N}+(\eta-\xi)(I-A)^{-1})\hat{N}^{q+1}}\\
&\quad+\left[\boldsymbol{V}_{((\eta+\xi)(I-A)^{-1}\hat{N}+(\eta-\xi)(I-A)^{-1})\hat{N}^{q+2}}-\boldsymbol{V}_{((\eta+\xi)(I-A)^{-1}\hat{N}+(\eta-\xi)(I-A)^{-1})\hat{N}^{q+1}}\right]\left(\boldsymbol{I}-\left|\hat{\boldsymbol{N}}\right|\right)^{-1}\\
&\leqslant\boldsymbol{V}_{((\eta+\xi)(I-A)^{-1}\hat{N}+(\eta-\xi)(I-A)^{-1})\hat{N}^{q+1}}+\boldsymbol{V}_{((\eta+\xi)(I-A)^{-1}\hat{N}+(\eta-\xi)(I-A)^{-1})\hat{N}^{q+1}}\\
&\quad\times\left(\left|\hat{\boldsymbol{N}}\right|-\boldsymbol{I}\right)\left(\boldsymbol{I}-\left|\hat{\boldsymbol{N}}\right|\right)^{-1}\\
&=\boldsymbol{V}_{((\eta+\xi)(I-A)^{-1}\hat{N}+(\eta-\xi)(I-A)^{-1})\hat{N}^{q+1}}\left[\boldsymbol{I}-\left(\boldsymbol{I}-\left|\hat{\boldsymbol{N}}\right|\right)\left(\boldsymbol{I}-\left|\hat{\boldsymbol{N}}\right|\right)^{-1}\right]=0
\end{aligned}\tag{6.37}$$

相似的，可以证明 $\boldsymbol{M}_1(q+1)\leqslant\boldsymbol{M}_1(q)$，该定理证毕。

使用推导文献[12]中引理 5 的相似方式，建立了下列定理。

定理 6.4 假设系统矩阵 $\boldsymbol{A}$ 为 Hurwitz 的并且 $\rho\left(\left|\hat{\boldsymbol{N}}\right|\right)<1$。那么，对整数 $q\geqslant1$，$\mathrm{Re}(s)\geqslant0,|z|\leqslant1$ 和 $s=\dfrac{1-z}{1+z}$，有

$$\begin{aligned}
\left|\left(\boldsymbol{L}(s)+z\boldsymbol{M}(s)\right)\left(\boldsymbol{I}-z\hat{\boldsymbol{N}}\right)^{-1}\right|&\leqslant\boldsymbol{V}_{(\eta+\xi)(I-A)^{-1}}+\left(\boldsymbol{S}_1+\boldsymbol{S}_A\right)\left|(\boldsymbol{I}-\boldsymbol{A})^{-1}\right|\\
&\quad+\boldsymbol{K}(q)+\boldsymbol{M}_1(q)\\
&\leqslant\boldsymbol{V}_{(\eta+\xi)(I-A)^{-1}}+\left(\boldsymbol{S}_1+\boldsymbol{S}_A\right)\left|(\boldsymbol{I}-\boldsymbol{A})^{-1}\right|\\
&\quad+\boldsymbol{K}(0)+\boldsymbol{M}_1(0)
\end{aligned}\tag{6.38}$$

证明 由于对任意 $z\in C$ 和 $|z|\leqslant1$，有 $\left|z\hat{\boldsymbol{N}}\right|\leqslant\left|\hat{\boldsymbol{N}}\right|$ 以及根据引理 6.1 和引理 6.2，有

$$\rho\left(z\hat{\boldsymbol{N}}\right)<1,\quad\left|\left(\boldsymbol{I}-z\hat{\boldsymbol{N}}\right)^{-1}\right|\leqslant\left(\boldsymbol{I}-\left|\hat{\boldsymbol{N}}\right|\right)^{-1}\tag{6.39}$$

根据引理 6.7，对整数 $j\geqslant0,\ s\in C$ 和 $\mathrm{Re}(s)\geqslant0$，容易有

$$\begin{aligned}
\left|\boldsymbol{L}(s)\right|&\leqslant\left|\int_{-h}^{0}\mathrm{e}^{s\theta}\mathrm{d}[(\boldsymbol{\eta}+\boldsymbol{\xi})(\boldsymbol{I}-\boldsymbol{A})^{-1}\theta]\right|\\
&\quad+\left(\left|\int_{-h}^{0}\mathrm{e}^{s\theta}\mathrm{d}[(\Delta\boldsymbol{\eta}+\Delta\boldsymbol{\xi})\theta]\right|+\left|\Delta\boldsymbol{A}\right|\right)\left|(\boldsymbol{I}-\boldsymbol{A})^{-1}\right|
\end{aligned}$$

$$\leqslant \boldsymbol{V}_{(\eta+\xi)(I-A)^{-1}}+\left(\boldsymbol{V}_{(\Delta\eta+\Delta\xi)}+\boldsymbol{S}_A\right)\left|(\boldsymbol{I}-\boldsymbol{A})^{-1}\right|$$

$$\leqslant \boldsymbol{V}_{(\eta+\xi)(I-A)^{-1}}+\left(\boldsymbol{S}_1+\boldsymbol{S}_A\right)\left|(\boldsymbol{I}-\boldsymbol{A})^{-1}\right| \tag{6.40}$$

和

$$\left|\left(\boldsymbol{L}(s)\hat{\boldsymbol{N}}+\boldsymbol{M}(s)\right)\hat{\boldsymbol{N}}^j\right|$$

$$=\left|\left(\int_{-h}^{0}\mathrm{e}^{s\theta}\mathrm{d}[(\boldsymbol{\eta}+\boldsymbol{\xi})(\boldsymbol{I}-\boldsymbol{A})^{-1}\theta]\hat{\boldsymbol{N}}+\int_{-h}^{0}\mathrm{e}^{s\theta}\mathrm{d}[(\boldsymbol{\eta}-\boldsymbol{\xi})(\boldsymbol{I}-\boldsymbol{A})^{-1}\theta]\right)\hat{\boldsymbol{N}}^j\right|$$

$$+\left|\left(\left(\int_{-h}^{0}\mathrm{e}^{s\theta}\mathrm{d}[(\Delta\boldsymbol{\eta}+\Delta\boldsymbol{\xi})\theta]+\Delta\boldsymbol{A}\right)(\boldsymbol{I}-\boldsymbol{A})^{-1}\hat{\boldsymbol{N}}\right.\right.$$

$$\left.\left.+\left(\int_{-h}^{0}\mathrm{e}^{s\theta}\mathrm{d}[(\Delta\boldsymbol{\eta}-\Delta\boldsymbol{\xi})\theta]+\Delta\boldsymbol{A}\right)(\boldsymbol{I}-\boldsymbol{A})^{-1}\right)\hat{\boldsymbol{N}}^j\right|$$

$$\leqslant\left|\int_{-h}^{0}\mathrm{e}^{s\theta}\mathrm{d}\left[\left(\left((\boldsymbol{\eta}+\boldsymbol{\xi})(\boldsymbol{I}-\boldsymbol{A})^{-1}\hat{\boldsymbol{N}}+(\boldsymbol{\eta}-\boldsymbol{\xi})(\boldsymbol{I}-\boldsymbol{A})^{-1}\right)\hat{\boldsymbol{N}}^j\right)\theta\right]\right|$$

$$+\left(\left(\boldsymbol{V}_{(\Delta\eta+\Delta\xi)}+\boldsymbol{S}_A\right)\left|(\boldsymbol{I}-\boldsymbol{A})^{-1}\hat{\boldsymbol{N}}\right|+\left(\boldsymbol{V}_{(\Delta\eta-\Delta\xi)}+\boldsymbol{S}_A\right)\left|(\boldsymbol{I}-\boldsymbol{A})^{-1}\right|\right)\left|\hat{\boldsymbol{N}}^j\right|$$

$$\leqslant \boldsymbol{V}_{((\eta+\xi)(I-A)^{-1}\hat{N}+(\eta-\xi)(I-A)^{-1})\hat{N}^j}+\left(\left(\boldsymbol{S}_1+\boldsymbol{S}_A\right)\left|(\boldsymbol{I}-\boldsymbol{A})^{-1}\hat{\boldsymbol{N}}\right|\right.$$

$$\left.+\left(\boldsymbol{S}_2+\boldsymbol{S}_A\right)\left|(\boldsymbol{I}-\boldsymbol{A})^{-1}\right|\right)\left|\hat{\boldsymbol{N}}^j\right| \tag{6.41}$$

使用恒等式$\left(\boldsymbol{I}-z\hat{\boldsymbol{N}}\right)^{-1}=\boldsymbol{I}+z\hat{\boldsymbol{N}}\left(\boldsymbol{I}-z\hat{\boldsymbol{N}}\right)^{-1}$以及不等式（6.40）和不等式（6.41），根据引理 6.11，对整数$q\geqslant 1$，$\mathrm{Re}(s)\geqslant 0,|z|\leqslant 1$，我们有

$$\left|\left(\boldsymbol{L}(s)+z\boldsymbol{M}(s)\right)\left(\boldsymbol{I}-z\hat{\boldsymbol{N}}\right)^{-1}\right|$$

$$=\left|\boldsymbol{L}(s)+z\left(\boldsymbol{L}(s)\hat{\boldsymbol{N}}+\boldsymbol{M}(s)\right)\left(\boldsymbol{I}-z\hat{\boldsymbol{N}}\right)^{-1}\right|$$

$$=\left|\boldsymbol{L}(s)+z\left(\boldsymbol{L}(s)\hat{\boldsymbol{N}}+\boldsymbol{M}(s)\right)\left(\boldsymbol{I}+z\hat{\boldsymbol{N}}+\left(z\hat{\boldsymbol{N}}\right)^2+\cdots\right)\right|$$

$$=\left|\boldsymbol{L}(s)+\sum_{j=0}^{q}z^{j+1}\left(\boldsymbol{L}(s)\hat{\boldsymbol{N}}+\boldsymbol{M}(s)\right)\hat{\boldsymbol{N}}^j\right.$$

$$\left.+z^{q+2}\left(\boldsymbol{L}(s)\hat{\boldsymbol{N}}+\boldsymbol{M}(s)\right)\hat{\boldsymbol{N}}^{q+1}\left(\boldsymbol{I}-z\hat{\boldsymbol{N}}\right)^{-1}\right|$$

$$
\begin{aligned}
&\leqslant \left|\boldsymbol{L}(s)\right| + \sum_{j=0}^{q}\left|\left(\boldsymbol{L}(s)\hat{\boldsymbol{N}} + \boldsymbol{M}(s)\right)\hat{\boldsymbol{N}}^{j}\right| \\
&\quad + \left|\left(\boldsymbol{L}(s)\hat{\boldsymbol{N}} + \boldsymbol{M}(s)\right)\hat{\boldsymbol{N}}^{q+1}\right|\left|\left(\boldsymbol{I} - z\hat{\boldsymbol{N}}\right)^{-1}\right| \\
&\leqslant \boldsymbol{V}_{(\eta+\xi)(I-A)^{-1}} + \left(\boldsymbol{S}_1 + \boldsymbol{S}_A\right)\left|\left(\boldsymbol{I} - \boldsymbol{A}\right)^{-1}\right| + \sum_{j=0}^{q}\boldsymbol{V}_{\left((\eta+\xi)(I-A)^{-1}\hat{N}+(\eta-\xi)(I-A)^{-1}\right)\hat{N}^{j}} \\
&\quad + \boldsymbol{V}_{((\eta+\xi)(I-A)^{-1}\hat{N}+(\eta-\xi)(I-A)^{-1})\hat{N}^{q+1}}\left(\boldsymbol{I} - \left|\hat{\boldsymbol{N}}\right|\right)^{-1} \\
&\quad + \left((\boldsymbol{S}_1 + \boldsymbol{S}_A)\left|(\boldsymbol{I} - \boldsymbol{A})^{-1}\hat{\boldsymbol{N}}\right| + (\boldsymbol{S}_2 + \boldsymbol{S}_A)\left|(\boldsymbol{I} - \boldsymbol{A})^{-1}\right|\right) \\
&\quad \times\left(\sum_{j=0}^{q}\left|\hat{\boldsymbol{N}}^{j}\right| + \left|\hat{\boldsymbol{N}}^{q+1}\right|\left(\boldsymbol{I} - \left|\hat{\boldsymbol{N}}\right|\right)^{-1}\right) \\
&= \boldsymbol{V}_{(\eta+\xi)(I-A)^{-1}} + \left(\boldsymbol{S}_1 + \boldsymbol{S}_A\right)\left|\left(\boldsymbol{I} - \boldsymbol{A}\right)^{-1}\right| + \boldsymbol{K}(q) + \boldsymbol{M}_1(q) \\
&\leqslant \boldsymbol{V}_{(\eta+\xi)(I-A)^{-1}} + \left(\boldsymbol{S}_1 + \boldsymbol{S}_A\right)\left|\left(\boldsymbol{I} - \boldsymbol{A}\right)^{-1}\right| + \boldsymbol{K}(0) + \boldsymbol{M}_1(0)
\end{aligned} \tag{6.42}
$$

于是，该定理证毕。

通过利用引理 6.1，引理 6.10 和定理 6.4，建立了本章的主要结果如下。

定理 6.5 如果系统矩阵 $\boldsymbol{A}$ 为 Hurwitz 的，$\rho\left(\left|\hat{\boldsymbol{N}}\right|\right)<1$ 并且 $\rho(\boldsymbol{V}_{(\eta+\xi)(I-A)^{-1}} + \left(\boldsymbol{S}_1 + \boldsymbol{S}_A\right)\left|\left(\boldsymbol{I} - \boldsymbol{A}\right)^{-1}\right| + \boldsymbol{K}(0) + \boldsymbol{M}_1(0)) < 1$，那么系统（6.29）为渐近稳定的。

定理 6.6 如果系统矩阵 $\boldsymbol{A}$ 为 Hurwitz 的，$\rho\left(\left|\hat{\boldsymbol{N}}\right|\right)<1$ 并且对某整数 $q\geqslant 1$，$\rho(\boldsymbol{V}_{(\eta+\xi)(I-A)^{-1}} + \left(\boldsymbol{S}_1 + \boldsymbol{S}_A\right)\left|\left(\boldsymbol{I} - \boldsymbol{A}\right)^{-1}\right| + \boldsymbol{K}(q) + \boldsymbol{M}_1(q)) < 1$，那么系统（6.29）为渐近稳定的。

根据定理 6.5 和定理 6.6，直接有下列推论。

推论 6.1 如果系统矩阵 $\boldsymbol{A}$ 为 Hurwitz 的，$\rho\left(\left|\hat{\boldsymbol{N}}\right|\right)<1$ 并且 $\rho(\boldsymbol{V}_{(\eta+\xi)(I-A)^{-1}} + \boldsymbol{K}(0)) < 1$，那么系统（6.9）为渐近稳定的。

推论 6.2 如果系统矩阵 $\boldsymbol{A}$ 为 Hurwitz 的，$\rho\left(\left|\hat{\boldsymbol{N}}\right|\right)<1$ 并且对某整数 $q \geqslant 1$，$\rho(\boldsymbol{V}_{(\eta+\xi)(I-A)^{-1}}+\boldsymbol{K}(q))<1$，那么系统（6.9）为渐近稳定的。

注释 6.2 利用文献[8]中注释 3.7 的相似论述，与文献[12]中定理 1 相平行的新结果可以从本章中推论 6.1 和 6.2 得到，即下列线性中立型时滞微分系统

$$\dot{x}(t)=\boldsymbol{A}x(t)+\boldsymbol{B}x(t-h)+\boldsymbol{C}\dot{x}(t-h) \tag{6.43}$$

为渐近稳定的，如果系统矩阵 $\boldsymbol{A}$ 为 Hurwitz 的，$\rho\left(\left|\hat{\boldsymbol{N}}\right|\right)<1$ 并且对某整数 $q \geqslant 0$，

$$\rho\left(\left|(\boldsymbol{B}+\boldsymbol{C})(\boldsymbol{I}-\boldsymbol{A})^{-1}\right|+\boldsymbol{K}(q)\right)<1 \tag{6.44}$$

式中

$$\begin{aligned}\boldsymbol{K}(q):=&\sum_{j=0}^{q}\left|\left((\boldsymbol{B}+\boldsymbol{C})(\boldsymbol{I}-\boldsymbol{A})^{-1}\hat{\boldsymbol{N}}+(\boldsymbol{B}-\boldsymbol{C})(\boldsymbol{I}-\boldsymbol{A})^{-1}\right)\hat{\boldsymbol{N}}^{j}\right|\\&+\left|\left((\boldsymbol{B}+\boldsymbol{C})(\boldsymbol{I}-\boldsymbol{A})^{-1}\hat{\boldsymbol{N}}+(\boldsymbol{B}-\boldsymbol{C})(\boldsymbol{I}-\boldsymbol{A})^{-1}\right)\hat{\boldsymbol{N}}^{q+1}\right|\left(\boldsymbol{I}-\left|\hat{\boldsymbol{N}}\right|\right)^{-1}\end{aligned}$$

6.4 算　　例

以下将使用几个例子解释本章所给出的主要结果。

判据 1[8]：$\rho(\boldsymbol{V}_{\xi})<1$ 和 $\rho(\boldsymbol{F}_{m}\boldsymbol{H}_{0})<1$

判据 2[8]：$\rho(\boldsymbol{V}_{\xi})<1$ 和 $\rho(\boldsymbol{F}_{m}\boldsymbol{K}_{0})<1$

在判据 1 和判据 2 中，矩阵 $\boldsymbol{F}_{m}$ 表示选取矩阵 $\boldsymbol{F}(s)=(s\boldsymbol{I}-\boldsymbol{A})^{-1}$ 的所有元素在复平面 $\mathrm{Re}(s)\geqslant 0$ 上的最大模值所形成的矩阵。$\boldsymbol{H}_{0}:=\boldsymbol{V}_{(\xi A+\eta)}+(\boldsymbol{I}-\boldsymbol{V}_{\xi})^{-1}\boldsymbol{V}_{\xi}\boldsymbol{V}_{(\xi A+\eta)}$ 和 $\boldsymbol{K}_{0}:=\boldsymbol{V}_{(A\xi+\eta)}+\boldsymbol{V}_{(A\xi+\eta)}\boldsymbol{V}_{\xi}(\boldsymbol{I}-\boldsymbol{V}_{\xi})^{-1}$。

例子 6.1 考虑不确定中立型泛函系统（6.29），其中

$$\boldsymbol{A}=\begin{bmatrix}-6 & 0.1\\ 1 & -0.5\end{bmatrix},\ \boldsymbol{\eta}(\theta)=-\frac{1}{4}(\theta+h)\boldsymbol{I}_{2},\ \boldsymbol{\xi}(\theta)=(\theta+h)\begin{bmatrix}0 & -0.1\\ 0.2 & -0.5\end{bmatrix},$$

$$\boldsymbol{S}_{A}=\begin{bmatrix}0.1 & 0.15\\ 0 & 0.01\end{bmatrix},\ \boldsymbol{S}_{1}=\begin{bmatrix}\alpha & 0\\ 0 & 0.002\end{bmatrix},\ \boldsymbol{S}_{2}=\begin{bmatrix}0.1 & 0.001\\ 0.01 & 0\end{bmatrix}$$

表 6.1 表明了不确定参数 α 对能确保系统（6.29）渐近稳定的最大时滞的影响，从表 6.1 中，可以很容易看出随着参数 α 的增加时滞上界 h 不断递减。

表 6.1 不确定参数 α 对时滞上界 h 的影响

α	0.10	0.30	0.50	0.70
定理 6.5	1.1224	1.0194	0.8882	0.7164
定理 6.6（q=10）	1.2260	1.1439	1.0409	0.9080

例子 6.2 考虑中立型泛函系统（6.9），其中

$$\boldsymbol{A}=\begin{bmatrix}-2 & 1\\ 0 & -1\end{bmatrix},\boldsymbol{\eta}(\theta)=-\frac{1}{4}(\theta+h)\boldsymbol{I}_2,\boldsymbol{\xi}(\theta)=(\theta+h)\begin{bmatrix}c & -0.1\\ 0.2 & -0.5\end{bmatrix}$$

根据判据 1，判据 2 和本章中的推论 6.1，计算出能确保系统（6.9）渐近稳定的时滞上界 h，表 6.2 表明了以上计算的结果。很明显，根据本章中推论 6.1 计算出的能确保系统（6.9）渐近稳定的时滞上界 h 比依据判据 1 和判据 2 计算出的更大。也就是说，本章所给出的判据比文献[8]中的判据不保守。

表 6.2 不确定参数 c 对时滞上界 h 的影响

c	0.10	0.30	0.50	0.70
判据 1	0.7384	0.6321	0.5359	0.4568
判据 2	1.0211	0.8888	0.7310	0.5933
推论 6.1	1.7266	1.6370	1.4342	1.1741

例子 6.3 考虑中立型泛函系统（6.9），其中

$$\boldsymbol{A}=\begin{bmatrix}-0.9 & 0\\ 0.1 & -2\end{bmatrix},\boldsymbol{\eta}(\theta)=\frac{v}{4}(\theta+h)\boldsymbol{I}_2,\boldsymbol{\xi}(\theta)=(\theta+h)\begin{bmatrix}0 & -0.1\\ 0.2 & -0.5\end{bmatrix}$$

表 6.3 列出了参数 v 确保系统（6.9）渐近稳定的上下界，并将依据判据 1，判据 2 和推论 6.2（q=5）所计算出的结果进行了比较。从表 6.3 中，很容易看出参数 v 的上下界的绝对值随着时滞上界 h 的增加而不断递减。推论 6.2 给出的结果，相对判据 1 和判据 2，提供了参数 v 能保持系统（6.9）渐近稳定的更大的鲁棒区间，这从不同的角度再次表明了本章所给出的判据比文献[8]中的判据不保守。

表 6.3 时滞上界 h 对系统参数 v 的影响

h	0.10	0.20	0.30	0.40
判据 1	$-35.8012\leqslant v\leqslant 35.8374$	$-17.7517\leqslant v\leqslant 17.6943$	$-11.7028\leqslant v\leqslant 11.4633$	$-8.6554\leqslant v\leqslant 8.0827$
判据 2	$-35.8806\leqslant v\leqslant 35.8550$	$-17.8302\leqslant v\leqslant 17.7380$	$-11.7801\leqslant v\leqslant 11.5460$	$-8.7311\leqslant v\leqslant 8.2166$
推论 6.2（q=5）	$-35.9517\leqslant v\leqslant 35.9467$	$-17.9491\leqslant v\leqslant 17.9448$	$-11.9366\leqslant v\leqslant 11.9378$	$-8.9249\leqslant v\leqslant 8.9142$

参 考 文 献

[1] Brayton R K. Bifurcation of periodic solutions in a nonlinear difference-differential equation of neutral type. Quarterly of Applied Mathematics，1966，24：215-224.

[2] Kolmanovskii V B. Applied theory of functional differential equations. Boston：Kluwer Academic Publishers，1992.

[3] Dugard L，Verriest E I. Stability and control of time delay systems. London：Springer，1998.

[4] Gorecki H. Analysis and synthesis of time delay systems. Warsaw：PWN，1989.

[5] Gopalsamy K. Stability and oscillations in delay differential equations of population dynamics. Boston：Kluwer Academic Publishers，1992.

[6] Hu G D，Hu G D. Simple criteria for stability of neutral systems with multiple delays. International Journal of Systems Science，1997，28（12）：1325-1328.

[7] Hu G D，Hu G D，Cahlon B. Algebraic criteria for stability of linear neutral systems with a single delay. Journal of Computational and Applied Mathematics，2001，135（1）：125-133.

[8] Ngoc P H A，Lee B S. Some sufficient conditions for exponential stability of linear neutral functional differential equations. Applied Mathematics and Computation，2005，170（1）：515-530.

[9] Hale J K，Lunel S M V，Sjoerd M. Strong stabilization of neutral functional differential equations，Special issue on analysis and design of delay and propagation systems. IMA Journal of Mathematical Control and Information，2002，19（1-2）：

5-23.

[10] Sengadir T，Padhi S. Stability and asymptotic stability of neutral functional differential equations. Differential Equations and Dynamic System，1999，2：239-249.

[11] Hu G D，Liu M Z. Stability criteria of linear neutral systems with multiple delays.IEEE Transactions on Automatic Control，2007，52（4）：720-724.

[12] Cao D Q，He P，Ge Y M. Simple algebraic criteria for stability of neutral delay-differential systems. Journal of Franklin Institute，2005，342（3）：311-320.

[13] Cao D Q，He P. Sufficient conditions for stability of linear neutral systems with a single delay. Applied Mathematics Letters，2004，17（2）：139-144.

[14] Cao D Q，He P. Stability criteria of linear neutral systems with a single delay. Applied Mathematics and Computation，2004，148（1）：135-143.

[15] Lien C H，Chen J C. Discrete-delay-independent and discrete-delay-dependent criteria for a class of neutral systems. ASME Journal of Dynamic System and Measure Control，2003，125（1）：33-41.

[16] He P，Cao D Q. Algebraic stability criteria of linear neutral systems with multiple time delays. Applied Mathematics and Computation，2004，155（3）：643-653.

[17] Zhang K Y，Cao D Q. Further results on asymptotic stability of linear neutral systems with multiple delays. Journal of Franklin Institute，2007，344（6）：858-866.

[18] Han Q L. Robust stability of uncertain delay-differential systems of neutral type. Automatica，2002，38（4）：719-723.

[19] Han Q L，Yu X，Gu K. On computing the maximum time-delay bound for stability of linear neutral systems. IEEE Transactions on Automatic Control，2004，49（12）：2281-2285.

[20] He Y，Wu M，She J. Delay-dependent robust stability criteria for uncertain neutral systems with mixed delays. Systems and Control Letters，2004，51（1）：57-65.

[21] Wu M，He Y，She J. New delay-dependent stability criteria and stabilization method for neutral systems. IEEE Transactions on Automatic Control，2004，49（12）：2266-2270.

[22] Bliman P A. Lyapunov equation for the stability of linear delay systems of retarded

and neutral type. IEEE Transactions on Automatic Control，2002，47（2）：327-335.

[23] Lancaster P. The theory of matrices with applications. Orlando：Academic Press，1985.

[24] Desoer C A，Vidyasagar M. Feedback systems：input-output properties. New York：Academic Press，1975.

[25] Hale J，Lunel S M V. Introduction to functional differential equations. New York：Springer-Verlag，1993.

[26] Tai Z X，Wang X C. Robust stability analysis of uncertain neutral functional systems. International Journal of Innovative Computing，Information and Control，2009，5（10A）：3013-3024.

第 7 章　非线性状态中立型泛函定常时滞系统的稳定性研究

7.1　引　　言

动态系统的稳定性分析在控制系统设计中起着重要作用。近年来，文献[1]和[2]分析了线性中立型泛函微分方程的稳定性。在文献[1]中，研究了中立型泛函微分方程的强镇定问题；基于特征方程，文献[2]给出了线性中立型泛函微分方程的稳定性判据；在本书第 6 章中，论述了线性不确定中立型泛函微分系统的鲁棒稳定性，提出了新的不确定性概念：变差有界不确定性，该新概念是中立型泛函系统所独有的，因为在具体中立型时滞微分系统中，仅能讨论范数有界或多面体不确定性。但是，根据我们所知，有关非线性中立型泛函微分系统的稳定性分析在以往文献中尚未得到研究，这类系统在应用中是一般的和实用的。在文献[3]中指出，关于非线性中立型微分方程稳定性问题的讨论在实际应用中，比如在模式识别、图像处理和组合优化中，具有相当的重要性。于是文献[3]研究了以往很少讨论的有关非线性状态中立型定常时滞系统的稳定性问题。

本章研究了作为非线性状态中立型定常时滞系统一般化扩展模型的非线性状态中立型泛函微分系统的稳定性问题，利用由系统矩阵函数有界变差所形成的非负矩阵的谱半径、一阶近似稳定性理论以及特征方程频域法，建立了该类非线性状态中立型泛函系统的稳定性判据，以不平凡方式推广了有关非线性状态中立型定常时滞系统的稳定性结果，数值例子表明了相应稳定性判据的有效性。

7.2 系统描述和预备知识

考虑下列非线性状态中立型泛函定常时滞系统：

$$\frac{\mathrm{d}}{\mathrm{d}t}Dx_t = \boldsymbol{A}x(t) + Lx_t \tag{7.1}$$

式中，$\boldsymbol{A} \in R^{n\times n}$ 为给定矩阵和 $D, L: C([-h,0], R^n) \to R^n$ 为给定的线性有界算子：

$$D\varphi = \varphi(0) - \sum_{j=1}^{m}\int_{-h}^{0}\mathrm{d}[\boldsymbol{\zeta}_j(\theta)]\varphi(\theta)$$

$$L\varphi = \sum_{j=1}^{m}\left(\int_{-h}^{0}\mathrm{d}[\boldsymbol{\xi}_j(\theta)]\boldsymbol{f}_j(\varphi(0)) + \int_{-h}^{0}\mathrm{d}[\boldsymbol{\eta}_j(\theta)]\boldsymbol{f}_j(\varphi(\theta))\right),\quad \forall \phi \in C([-h,0], R^n)$$

矩阵函数 $\boldsymbol{\zeta}_j(\cdot), \boldsymbol{\xi}_j(\cdot), \boldsymbol{\eta}_j(\cdot) \in NBV([-h,0], R^{n\times n})$，$\boldsymbol{f}_j(\cdot)$ 为可微的，$\boldsymbol{f}_j(0) = 0$，$(j = 1, \cdots, m)$。

在本章中使用了下列记号：令 $\mathrm{Re}(s)$ 代表复数 s 的实部，$\rho(\boldsymbol{A}), \lambda_j(\boldsymbol{A})$ 和 $\|\boldsymbol{A}\|$ 分别表示了矩阵 $\boldsymbol{A}$ 的谱半径、第 j 个特征值和谱范数。$\boldsymbol{I}$ 表示单位阵。令 $\boldsymbol{W} \in C^{n\times n}$，其矩阵元素为 w_{jk}；$|\boldsymbol{W}| \in R^{n\times n}$ 为非负矩阵，其矩阵元素为 $|w_{jk}|$。令 $\boldsymbol{U} = \{u_{jk}\} \in R^{n\times n}$，$\boldsymbol{V} = \{v_{jk}\} \in R^{n\times n}$，那么 $\boldsymbol{U} \geqslant \boldsymbol{V}$ 当且仅当对任意 (j,k)，$u_{jk} \geqslant v_{jk}$。

引理 7.1[4] 令 $\boldsymbol{W} \in C^{n\times n}$ 和 $\boldsymbol{V} \in R^{n\times n}$，如果 $|\boldsymbol{W}| \leqslant \boldsymbol{V}$，那么

$\rho(\boldsymbol{W}) \leqslant \rho(|\boldsymbol{W}|) \leqslant \rho(\boldsymbol{V})$，$|\boldsymbol{WV}| \leqslant |\boldsymbol{W}||\boldsymbol{V}|$，$|\boldsymbol{W} + \boldsymbol{V}| \leqslant |\boldsymbol{W}| + |\boldsymbol{V}|$

定义 7.1[5] 矩阵函数 $\boldsymbol{\eta}(\cdot): [\alpha, \beta] \to R^{m\times n}$ 被称为变差有界的，如果

$$Var(\boldsymbol{\eta}; \alpha, \beta) := \sup_{P[\alpha,\beta]}\sum_{k}\left\|\boldsymbol{\eta}(\theta_k) - \boldsymbol{\eta}(\theta_{k-1})\right\| < +\infty$$

其中上确界是在区间 $[\alpha, \beta]$ 的所有有限划分的集合上选取。在区间 $[\alpha, \beta]$ 上满足 $\boldsymbol{\eta}(\alpha) = 0$ 的具有有界变差的矩阵函数 $\boldsymbol{\eta}(\cdot)$ 的集合被表示为 $BV([\alpha,\beta], R^{m\times n})$，该集合形成一个 Banach 空间，赋予范数 $\|\boldsymbol{\eta}\| := Var(\boldsymbol{\eta}; \alpha, \beta)$。

设 $NBV([-h,0], R^{m\times n}) := \{\boldsymbol{\eta} \in BV([-h,0], R^{m\times n}): \boldsymbol{\eta}$ 在区间 $(-h,0)$ 上是左连续的$\}$，那么它是 $BV([-h,0], R^{m\times n})$ 的子空间，将在本章中使用。

对矩阵函数$\boldsymbol{\gamma}(\cdot)=(\gamma_{ij}(\cdot))\in NBV([\alpha,\beta],C^{m\times n})$，定义矩阵$\boldsymbol{V}_{\gamma}=(V_{\gamma_{ij}})\in R_{+}^{m\times n}$，其中$V_{\gamma_{ij}}:=Var(\gamma_{ij};\alpha,\beta),\ i\in\{1,2,\cdots,m\}$和$j\in\{1,2,\cdots,n\}$。使用这些记号，有下列引理。

引理 7.2[2] 假设$\boldsymbol{\gamma}\in NBV([-h,0],C^{m\times n})$和$s\in C,\mathrm{Re}(s)\geqslant 0$。那么，我们有

$$\left|\int_{-h}^{0}\mathrm{e}^{s\theta}\mathrm{d}[\boldsymbol{\gamma}(\theta)]\right|\leqslant \boldsymbol{V}_{\gamma}\quad 和\quad \left\|\int_{-h}^{0}\mathrm{e}^{s\theta}\mathrm{d}[\boldsymbol{\gamma}(\theta)]\right\|\leqslant\|\boldsymbol{\gamma}\|$$

引理 7.3[5] 令$C([-h,0],R^{n})$为区间$[-h,0]$上所有连续函数形成的Banach空间，并且$L:C([-h,0],R^{n})\to R^{n}$为线性有界算子。基于Riesz表示定理，存在唯一的矩阵函数$\boldsymbol{\xi}_{j}(\cdot),\boldsymbol{\eta}_{j}(\cdot)\in NBV([-h,0],R^{n\times n})(j=1,\cdots,m)$，使得

$$L\varphi=\sum_{j=1}^{m}\left(\int_{-h}^{0}\mathrm{d}[\boldsymbol{\xi}_{j}(\theta)]\boldsymbol{f}_{j}(\varphi(0))+\int_{-h}^{0}\mathrm{d}[\boldsymbol{\eta}_{j}(\theta)]\boldsymbol{f}_{j}(\varphi(\theta))\right),\forall\varphi\in C([-h,0],R^{n})$$

引理 7.4[5] 如果$\boldsymbol{\zeta}_{j}(\cdot)$在原点处是非最小的，即对$s\to 0$，$Var(\boldsymbol{\zeta}_{j};-s,0)\to 0\ (j=1,\cdots,m)$。那么，系统（7.1）的初值问题在区间$[-h,\infty)$上存在唯一解$x(\cdot,\phi)$。

根据Taylor级数展开以及$\boldsymbol{f}_{j}(\cdot)$为可微的，$\boldsymbol{f}_{j}(0)=0$的假设，容易得到系统（7.1）的一阶近似：

$$\frac{\mathrm{d}}{\mathrm{d}t}\left[x(t)-\sum_{j=1}^{m}\int_{-h}^{0}\mathrm{d}[\boldsymbol{\zeta}_{j}(\theta)]x(t+\theta)\right]$$
$$=\boldsymbol{A}x(t)+\sum_{j=1}^{m}\left(\int_{-h}^{0}\mathrm{d}[\boldsymbol{\xi}_{j}(\theta)]\boldsymbol{f}_{j}'(0)x(t)+\int_{-h}^{0}\mathrm{d}[\boldsymbol{\eta}_{j}(\theta)]\boldsymbol{f}_{j}'(0)x(t+\theta)\right)\quad(7.2)$$

式中，$\boldsymbol{f}_{j}'(x)$表示$\boldsymbol{f}_{j}(x)$相对于x的Jacobi矩阵。

引理 7.5 根据一阶近似理论[6]，如果系统（7.2）的特征方程

$$\Delta(s)=\det\left[sI-A-\sum_{j=1}^{m}\left(\int_{-h}^{0}\mathrm{d}[\boldsymbol{\xi}_{j}(\theta)]\boldsymbol{f}_{j}'(0)+\int_{-h}^{0}\mathrm{e}^{s\theta}\mathrm{d}[\boldsymbol{\eta}_{j}(\theta)]\boldsymbol{f}_{j}'(0)\right.\right.$$
$$\left.\left.+s\int_{-h}^{0}\mathrm{e}^{s\theta}\mathrm{d}+[\boldsymbol{\zeta}_{j}(\theta)]\right)\right]=0\quad(7.3)$$

的所有根都位于复平面的左半开平面C_{-}，那么非线性状态中立型泛函定常时滞系统（7.1）为渐近稳定的。

7.3 非线性泛函定常时滞系统的稳定性

定理 7.1 如果矩阵$\boldsymbol{A}$为Hurwitz的并且对$s \in C$和$\mathrm{Re}(s) \geqslant 0$，有

$$\rho\left[\left|(s\boldsymbol{I}-\boldsymbol{A})^{-1}\right|\sum_{j=1}^{m}\left(\boldsymbol{V}_{\xi_j f_j'(0)}+\boldsymbol{V}_{\eta_j f_j'(0)+s\zeta_j}\right)\right]<1 \tag{7.4}$$

那么非线性状态中立型泛函系统（7.1）为渐近稳定的。

证明 由于矩阵$\boldsymbol{A}$为Hurwitz的，所以对$s \in C$和$\mathrm{Re}(s) \geqslant 0$，有

$$\begin{aligned}\varDelta(s) &= \det(s\boldsymbol{I}-\boldsymbol{A})\det\Big[\boldsymbol{I}-(s\boldsymbol{I}-\boldsymbol{A})^{-1}\sum_{j=1}^{m}\Big(\int_{-h}^{0}\mathrm{d}[\boldsymbol{\xi}_j(\theta)]\boldsymbol{f}_j'(0)\\ &\quad+\int_{-h}^{0}\mathrm{e}^{s\theta}\mathrm{d}[\boldsymbol{\eta}_j(\theta)]\boldsymbol{f}_j'(0)+s\int_{-h}^{0}\mathrm{e}^{s\theta}\mathrm{d}[\boldsymbol{\zeta}_j(\theta)]\Big)\Big]\\ &= \det(s\boldsymbol{I}-\boldsymbol{A})\prod_{i=1}^{n}\Big(1-\lambda_i\Big[(s\boldsymbol{I}-\boldsymbol{A})^{-1}\sum_{j=1}^{m}\Big(\int_{-h}^{0}\mathrm{d}[(\boldsymbol{\xi}_j\boldsymbol{f}_j'(0))(\theta)]\\ &\quad+\int_{-h}^{0}\mathrm{e}^{s\theta}\mathrm{d}[(\boldsymbol{\eta}_j\boldsymbol{f}_j'(0)+s\boldsymbol{\zeta}_j)(\theta)]\Big)\Big]\Big)\end{aligned}$$

根据引理7.1，对$s \in C$和$\mathrm{Re}(s) \geqslant 0$，容易有下列不等式：

$$\begin{aligned}&\left|\lambda_i\left[(s\boldsymbol{I}-\boldsymbol{A})^{-1}\sum_{j=1}^{m}\left(\int_{-h}^{0}\mathrm{d}[(\boldsymbol{\xi}_j\boldsymbol{f}_j'(0))(\theta)]+\int_{-h}^{0}\mathrm{e}^{s\theta}\mathrm{d}[(\boldsymbol{\eta}_j\boldsymbol{f}_j'(0)+s\boldsymbol{\zeta}_j)(\theta)]\right)\right]\right|\\ &\leqslant \rho\left[(s\boldsymbol{I}-\boldsymbol{A})^{-1}\sum_{j=1}^{m}\left(\int_{-h}^{0}\mathrm{d}[(\boldsymbol{\xi}_j\boldsymbol{f}_j'(0))(\theta)]+\int_{-h}^{0}\mathrm{e}^{s\theta}\mathrm{d}[(\boldsymbol{\eta}_j\boldsymbol{f}_j'(0)+s\boldsymbol{\zeta}_j)(\theta)]\right)\right]\\ &\leqslant \rho\left[\left|(s\boldsymbol{I}-\boldsymbol{A})^{-1}\right|\sum_{j=1}^{m}\left(\boldsymbol{V}_{\xi_j f_j'(0)}+\boldsymbol{V}_{\eta_j f_j'(0)+s\zeta_j}\right)\right]\end{aligned}$$

这意味着当条件(7.4)成立时，对$s \in C$和$\mathrm{Re}(s) \geqslant 0$，不等式$\varDelta(s) \neq 0$。假设$\{s_n\}$是特征方程（7.3）的一组根，使得当$n \to +\infty$时，$\mathrm{Re}(s_n) \to 0_{-}$和$\mathrm{Im}(s_n) \to \pm\infty$。由于矩阵$\boldsymbol{A}$为Hurwitz的，任意特征值

$$\lambda_i\left[(s\boldsymbol{I}-\boldsymbol{A})^{-1}\sum_{j=1}^{m}\left(\int_{-h}^{0}\mathrm{d}[(\boldsymbol{\xi}_j\boldsymbol{f}_j'(0))(\theta)]+\int_{-h}^{0}\mathrm{e}^{s\theta}\mathrm{d}[(\boldsymbol{\eta}_j\boldsymbol{f}_j'(0)+s\boldsymbol{\zeta}_j)(\theta)]\right)\right]$$

在复右半平面 $\overline{C}_+$ 是复变量 s 的解析函数，因此它的模在复右半平面 $\overline{C}_+$ 上可以取得最大值。

根据条件（7.4），存在正常数 $\varepsilon(0<\varepsilon<1)$，使得

$$\sup_{s\in C,\mathrm{Re}(s)\geqslant 0}\rho\left[(s\boldsymbol{I}-\boldsymbol{A})^{-1}\sum_{j=1}^{m}\left(\int_{-h}^{0}\mathrm{d}[(\boldsymbol{\xi}_j\boldsymbol{f}_j'(0))(\theta)]+\int_{-h}^{0}\mathrm{e}^{s\theta}\mathrm{d}[(\boldsymbol{\eta}_j\boldsymbol{f}_j'(0)+s\boldsymbol{\zeta}_j)(\theta)]\right)\right]$$
$$=1-\varepsilon$$

由此，对任意 $\varsigma\in C,\mathrm{Re}(\varsigma)=0$，

$$\rho\left[(\varsigma\boldsymbol{I}-\boldsymbol{A})^{-1}\sum_{j=1}^{m}\left(\int_{-h}^{0}\mathrm{d}[(\boldsymbol{\xi}_j\boldsymbol{f}_j'(0))(\theta)]+\int_{-h}^{0}\mathrm{e}^{\varsigma\theta}\mathrm{d}[(\boldsymbol{\eta}_j\boldsymbol{f}_j'(0)+\varsigma\boldsymbol{\zeta}_j)(\theta)]\right)\right]\leqslant 1-\varepsilon$$

对给定正常数 $\varepsilon_1(0<\varepsilon_1<\varepsilon)$，一定存在整数 n^*，使得对 $n>n^*$，

$$\left|\rho\left[(s_n\boldsymbol{I}-\boldsymbol{A})^{-1}\sum_{j=1}^{m}\left(\int_{-h}^{0}\mathrm{d}[(\boldsymbol{\xi}_j\boldsymbol{f}_j'(0))(\theta)]+\int_{-h}^{0}\mathrm{e}^{s_n\theta}\mathrm{d}[(\boldsymbol{\eta}_j\boldsymbol{f}_j'(0)+s_n\boldsymbol{\zeta}_j)(\theta)]\right)\right]\right.$$
$$\left.-\rho\left[(\varsigma\boldsymbol{I}-\boldsymbol{A})^{-1}\sum_{j=1}^{m}\left(\int_{-h}^{0}\mathrm{d}[(\boldsymbol{\xi}_j\boldsymbol{f}_j'(0))(\theta)]+\int_{-h}^{0}\mathrm{e}^{\varsigma\theta}\mathrm{d}[(\boldsymbol{\eta}_j\boldsymbol{f}_j'(0)+\varsigma\boldsymbol{\zeta}_j)(\theta)]\right)\right]\right|\leqslant\varepsilon_1$$

因而，有

$$\left|\lambda_i\left[(s_n\boldsymbol{I}-\boldsymbol{A})^{-1}\sum_{j=1}^{m}\left(\int_{-h}^{0}\mathrm{d}[(\boldsymbol{\xi}_j\boldsymbol{f}_j'(0))(\theta)]+\int_{-h}^{0}\mathrm{e}^{s_n\theta}\mathrm{d}[(\boldsymbol{\eta}_j\boldsymbol{f}_j'(0)+s_n\boldsymbol{\zeta}_j)(\theta)]\right)\right]\right|$$
$$\leqslant\rho\left[(\varsigma\boldsymbol{I}-\boldsymbol{A})^{-1}\sum_{j=1}^{m}\left(\int_{-h}^{0}\mathrm{d}[(\boldsymbol{\xi}_j\boldsymbol{f}_j'(0))(\theta)]+\int_{-h}^{0}\mathrm{e}^{\varsigma\theta}\mathrm{d}[(\boldsymbol{\eta}_j\boldsymbol{f}_j'(0)+\varsigma\boldsymbol{\zeta}_j)(\theta)]\right)\right]+\varepsilon_1$$
$$\leqslant 1-\varepsilon+\varepsilon_1<1$$

因此，对 $n>n^*$，有

$$\Delta(s_n)=\det(s_n\boldsymbol{I}-\boldsymbol{A})\det\Big[\boldsymbol{I}-(s_n\boldsymbol{I}-\boldsymbol{A})^{-1}\sum_{j=1}^{m}\Big(\int_{-h}^{0}\mathrm{d}[\boldsymbol{\xi}_j(\theta)]\boldsymbol{f}_j'(0)$$
$$+\int_{-h}^{0}\mathrm{e}^{s_n\theta}\mathrm{d}[\boldsymbol{\eta}_j(\theta)]\boldsymbol{f}_j'(0)+s_n\int_{-h}^{0}\mathrm{e}^{s_n\theta}\mathrm{d}[\boldsymbol{\zeta}_j(\theta)]\Big)\Big]$$

$$
\begin{aligned}
&= \det(s_n \boldsymbol{I} - \boldsymbol{A}) \prod_{i=1}^{n} \Big(1 - \lambda_i \Big[(s_n \boldsymbol{I} - \boldsymbol{A})^{-1} \sum_{j=1}^{m} \Big(\int_{-h}^{0} \mathrm{d}[(\boldsymbol{\xi}_j \boldsymbol{f}_j'(0))(\theta)] \\
&\quad + \int_{-h}^{0} \mathrm{e}^{s_n \theta} \mathrm{d}[(\boldsymbol{\eta}_j \boldsymbol{f}_j'(0) + s_n \boldsymbol{\zeta}_j)(\theta)] \Big) \Big] \Big) \neq 0
\end{aligned}
$$

这与存在一组特征根 $\{s_n\}$，使得当 $n \to +\infty$ 时，$\mathrm{Re}(s_n) \to 0_-$ 和 $\mathrm{Im}(s_n) \to \pm\infty$ 的假设相矛盾，于是鉴于引理 7.5，该定理证毕。

注释 7.1 如果 $\boldsymbol{\xi}_j(\cdot)$, $\boldsymbol{\eta}_j(\cdot)$ 和 $\boldsymbol{\zeta}_j(\cdot)(j=1,\cdots,m)$ 是形如下面的阶跃函数：

$$
\boldsymbol{\xi}_j(\theta) = \begin{cases} \boldsymbol{B}_j, \text{if } \theta \in (-h_j, 0] \\ 0, \text{if } \theta \in [-h, -h_j] \end{cases}, \boldsymbol{\eta}_j(\theta) = \begin{cases} \boldsymbol{C}_j, \text{if } \theta \in (-h_j, 0] \\ 0, \text{if } \theta \in [-h, -h_j] \end{cases},
$$

$$
\boldsymbol{\zeta}_j(\theta) = \begin{cases} \boldsymbol{D}_j, \text{if } \theta \in (-h_j, 0] \\ 0, \text{if } \theta \in [-h, -h_j] \end{cases}
$$

式中，$\boldsymbol{B}_j$，$\boldsymbol{C}_j$ 和 $\boldsymbol{D}_j \in R^{n\times n}(j=1,\cdots,m)$ 为给定矩阵，$h = \max\{h_1,\cdots,h_m\}$，那么 $\boldsymbol{V}_{\xi_j f_j'(0)} = \left|\boldsymbol{B}_j \boldsymbol{f}_j'(0)\right|$, $\boldsymbol{V}_{\eta_j f_j'(0)+s\zeta_j} = \left|\boldsymbol{C}_j \boldsymbol{f}_j'(0) + s\boldsymbol{D}_j\right|$，并且系统（7.1）可以转换为下列带多定常时滞的非线性状态中立型系统：

$$
\dot{x}(t) = \boldsymbol{A}x(t) + \sum_{j=1}^{m} \Big[\boldsymbol{B}_j \boldsymbol{f}_j(x(t)) + \boldsymbol{C}_j \boldsymbol{f}_j(x(t-h_j)) + \boldsymbol{D}_j \dot{x}(t-h_j) \Big]
$$

因此，文献[3]中的定理 2 可以根据本章中定理 7.1 得到。

下面举例说明定理 7.1 的有效性。

7.4 算 例

例子 7.1 考虑下列非线性状态中立型泛函系统：

$$
\begin{aligned}
&\frac{\mathrm{d}}{\mathrm{d}t}\left[x(t) - \sum_{j=1}^{2} \int_{-h}^{0} \mathrm{d}[\boldsymbol{\zeta}_j(\theta)] x(t+\theta) \right] \\
&= \boldsymbol{A}x(t) + \sum_{j=1}^{2} \left(\int_{-h}^{0} \mathrm{d}[\boldsymbol{\xi}_j(\theta)] f_j(x(t)) + \int_{-h}^{0} \mathrm{d}[\boldsymbol{\eta}_j(\theta)] f_j(x(t+\theta)) \right) \quad (7.5)
\end{aligned}
$$

式中，$f_1(x) = x^2$, $f_2(x) = x^3$, $\boldsymbol{A} = \begin{pmatrix} -1 & 0 \\ 0 & -1 \end{pmatrix}$, $\boldsymbol{\xi}_j(\cdot), \boldsymbol{\eta}_j(\cdot) \in NBV([-h,0], R^{2\times 2})$

$$(j=1,2),\quad \boldsymbol{\zeta}_1(\theta)=\frac{1}{6}(\theta+h)\begin{pmatrix}-\frac{1}{8} & 0\\ 0 & -\frac{1}{16}\end{pmatrix},\ \boldsymbol{\zeta}_2(\theta)=\frac{1}{7}(\theta+h)\begin{pmatrix}\frac{1}{8} & \frac{1}{8}\\ 1 & \frac{3}{16}\end{pmatrix}。$$

由于矩阵 $\boldsymbol{A}$ 为 Hurwitz 的并且

$$\rho\left[\left|(s\boldsymbol{I}-\boldsymbol{A})^{-1}\right|\sum_{j=1}^{2}\left(\boldsymbol{V}_{\xi_j f_j'(0)}+\boldsymbol{V}_{\eta_j f_j'(0)+s\zeta_j}\right)\right]=h\left|\frac{s}{s+1}\right|\rho\left[\frac{1}{6}\begin{pmatrix}\frac{1}{8} & 0\\ 0 & \frac{1}{16}\end{pmatrix}+\frac{1}{7}\begin{pmatrix}\frac{1}{8} & \frac{1}{8}\\ 1 & \frac{3}{16}\end{pmatrix}\right]$$
$$<0.0885h$$

因此，根据定理 7.1，对于任意 $\boldsymbol{\xi}_j(\cdot)$, $\boldsymbol{\eta}_j(\cdot)\in NBV([-h,0],R^{2\times 2})$ $(j=1,2)$ 以及 $0<h<11.2994$，系统（7.5）为渐近稳定的。

参考文献

[1] Hale J K，Lunel S M V，Sjoerd M. Strong stabilization of neutral functional differential equations，Special issue on analysis and design of delay and propagation systems. IMA Journal of Mathematical Control and Information，2002，19（1-2）：5-23.

[2] Ngoc P H A，Lee B S. Some sufficient conditions for exponential stability of linear neutral functional differential equations. Applied Mathematics and Computation，2005，170（1）：515-530.

[3] Xiong W，Liang J. Novel stability criteria for neutral systems with multiple time delays. Chaos，Solitons and Fractals，2007，32（5）：1735-1741.

[4] Lancaster P. The Theory of matrices with applications. Orlando：Academic Press，1985.

[5] Hale J，Lunel S M V. Introduction to functional differential equations. New York：Springer-Verlag，1993.

[6] Hairer E，NZrsett S P，Wanner G. Solving ordinary differential equations. Berlin：Springer，1991.

[7] Tai Z X，Wang X C. Stability analysis of nonlinear neutral functional differential equations. ICIC Express Letters，2010，4（1）：125-129.